国家星火计划培训丛书

U0965069

生物技术在种植业中的应用与实践

主 编 科学技术部农村科技司

编 著 唐清池

参 编 张福亮 刘希鹏 郭银保 王学宾

程 涛 白 帅 李忠宏 董振华

郝红伟 程雅珍 车 缇 赵韶琴

中国农业大学出版社

·北京·

图书在版编目（C I P）数据

生物技术在种植业中的应用与实践 / 唐清池编著
-- 北京 ：中国农业大学出版社，2015.12
ISBN 978-7-5655-1453-1

Ⅰ. ①生… Ⅱ. ①唐… Ⅲ. ①生物技术—应用—种植业—农业技术 Ⅳ. ①S3

中国版本图书馆CIP数据核字（2015）第295257号

书　　名　生物技术在种植业中的应用与实践
作　　者　唐清池

责任编辑　张　蕊　张　玉
封面设计　覃小燕
出版发行　中国农业大学出版社
社　　址　北京市海淀区圆明园西路2号　　邮政编码　100193
电　　话　发行部 010-62818525,8625　　读者服务部 010-62732336
　　　　　编辑部 010-62732617,2618　　出　版　部 010-62733440
网　　址　http://www.cau.edu.cn/caup　　E-mail cbsszs@cau.edu.cn
经　　销　新华书店
印　　刷　廊坊市蓝海德彩印有限公司
版　　次　2015年12月第1版　2015年12月第1次印刷
规　　格　850×1 168　32开本　6.125印张　153千字
定　　价　15.00元

《国家星火计划培训丛书》编委会

前　言

国家科技部于1986年提出的星火计划，对推广各项新技术，推动农村经济发展，引导农民增收致富，发挥了巨大的作用。科技部十分重视对农村干部、星火带头人、广大农民的科技培训，旨在激发农民学科技的热情，提高农民的科学文化素质和运用科技的能力，为农村培养新型实用人才、农村科技带头人和农村技术“二传手”，为解决“三农”问题提供强有力的科技支撑和示范模式，为社会主义新农村建设和发展现代化农业作出贡献。

2010年的中央一号文件，再次锁定“三农”，这是21世纪以来连续第7个关注“三农”的中央一号文件。培训“有文化、懂技术、会经营”的新型农民已成为当前社会主义新农村建设中的一项重要内容。为响应党中央、国务院、科学技术部的号召和指示，适应新的“三农”发展现状，推进高新农业科技成果的转化，使农业科技的推广工作落到实处，科学技术部农村科技司决定新编一套《国家星火计划培训丛书》，并委托中国农村科技杂志社组织编写。该套丛书旨在推广目前国内国际领先的、易于产生社会效益和经济效益的农业科学技术，介绍一些技术先进、投资少、见效快、环保、长效的项目，引导亿万农民依靠科技发展农村经济，因地制宜地发展本土经济，提高农产品的市场竞争力，实现增产创收。也可对农民、农村、农业上项目、找市场、调整产业结构提供借鉴和参考。

此系列丛书我们精心组织来自生产第一线的科技致富带头人和有实践经验的专家、学者共同编写。不仅学科分布广、设置门类多、知识涵盖面宽，力求收入教材的资料为最新科技成果，内容通俗易懂，能够满足不同培训对象的学习要求，而且具有较强的系统性、应用性和时效性，能够满足全国各地开展得如火如荼的农民科技培训的需要，满足科技部关于农村科普工作的需要。为科技列车、科技下乡、科技扶贫、科普大篷车、星火科技培训等多种形式的科技下乡惠农活动，提供稳定的农村科普“书源”。

目前，我国农业和农村经济发展已经进入了新阶段，随着我国农村经济结构调整的不断深入，党中央、国务院提出了“夯实‘三农’发展的基础，落实国家重大科技专项，壮大县域经济”的指示，星火计划的实施也呈现出新的特色。在这一时期，需要坚持以人为本，把提高农村劳动者素质摆在重要位置，把动员科技力量为农民服务作为重点。在此之际，为了更好地服务于广大农民和农村科技工作者，我们精心编撰了这套新的《国家星火计划培训丛书》。但由于时间紧、水平有限，不足之处在所难免，衷心欢迎广大读者批评指正。

《国家星火计划培训丛书》编委会

2010年2月

目　录

第一章 概 述

第一节 国内外应用简史

我国微生物肥料的研究应用和国际上一样，是从豆科植物上应用根瘤菌接种剂开始的，起初只有大豆和花生根瘤菌剂。20世纪50年代，从原苏联引进自生固氮菌、磷细菌和硅酸盐细菌剂，称为细菌肥料。60年代又推广使用放线菌制成的“5406”抗生菌肥料和固氮蓝绿藻肥。70～80年代中期，又开始研究VA菌根，以改善植物磷素营养条件和提高水分利用率。80年代中期至90年代，农业生产中又相继应用联合固氮菌和生物钾肥作为拌种剂。近几年来又推广应用由固氮菌、磷细菌、钾细菌和有机肥复合制成的生物肥料做基肥施用。

一、微生物肥料的质量标准、监督体系

我国的微生物肥料生产应用过去一直没有从国家的角度进行质量监督，也没有国家标准，亦未实行生产许可证制度。经过多年的努力，于1994年农业部制定了一部行业标准，规范了微生物肥料的生产。在产品标明的失效期前有效活菌数应符合指标要求，出厂时产品有效活菌数必须高出本指标30%以上。

二、我国微生物肥料的研究、生产、应用发展策略

（1）提高产品质量，实行生产许可证制度，组建质量检测机

构，使微生物肥料的生产有章可循，质量有保障。可以有效地遏制该领域的假冒伪劣产品，对那些技术基础和生产条件比较好的工厂要大力扶持，对生产的产品不符合国家标准的工厂要进行严格整顿。

（2）进一步提高使用效率，除了提高产品质量（菌数、有效期）外，还要根据不同地区和不同的作物选用不同的菌剂，进一步改进剂型和使用方法。

（3）加强微生物肥料的基础和应用基础研究工作，长期以来，这个领域的研究投入很少，大多数研究处于低水平的重复，致使研究远远落后于生产。需要对以下方面进行研究：微生物肥料的作用机理；微生物肥料中特定微生物的生态学研究；微生物肥料优良生产菌株的筛选和诱变；根瘤菌肥料固氮限制因素的研究及与野生菌株结瘤竞争的机理和解决的途径；微生物肥料的快速、准确检测技术的建立；开发新的微生物肥料品种等。

（4）加强国内外的交流和合作，采取请进来和派出去相结合的方式，双边或多边的形式进行国际合作和交流。在国内，则应加强科研单位、生产单位和推广部门的合作，不定期培训生产和推广的技术人员。同时，做好微生物肥料科普知识的宣传和普及等工作。

三、我国微生物肥料产业化展望

近年来，我国农业生产对肥料的需求量不断增加。由于化学肥料价格上涨和大量使用化肥造成环境及农产品污染等原因，人们开始重新重视微生物肥料的应用。可以说，目前我国微生物肥料行业的发展前景是前所未有的。但是，近几年来我国微生物肥料生产及应用曾经几起几落。所以每当回顾历史人们不禁要问，微生物肥料的发展前景如何?有人认为，微生物肥料要想在众多的商品肥料中占有一席之地，必须向产业化方向发展。

1.必须建立微生物肥料原料基地

微生物肥料的生产，除了培养微生物所需的营养成分外，重要原料就是草炭。我国草炭储量大，但由于草炭加工技术落后，供应渠道不畅，许多微生物肥料厂家买不到符合质量要求的草炭。草炭颗粒过大，严重限制着我国微生物肥料质量的提高。因此，如能在草炭矿区投资建立具有先进设备的草炭加工厂，才可能为微生物肥料生产厂家提供高质量的草炭原料。所以，必须建立微生物肥料原料基地和供应系统。

2.开发新的微生物肥料品种、进一步提高其质量

微生物接种剂的生产是微生物肥料生产的核心部分，不同类型的接种剂用途不一样。有些接种剂直接用于农作物或牧草种子接种，有些接种剂是生产复合微生物肥料的重要原料。目前，微生物肥料生产中存在的问题，一是接种剂品种少，二是质量不稳定。因为根际有益微生物与作物间有较强的选择性，对环境条件也有一定的要求，所以各类接种剂都应该有系列产品，才能满足不同地区不同作物的需求。

3.发展微生物肥料加工工业

目前，我国微生物肥料加工工业十分落后，表现在设备简陋，工艺不完善和质量意识不强。许多微生物肥料存在的质量问题主要表现在：有效活菌数含量低，肥料颗粒硬度不够，破碎率高，含水率高等。微生物肥料加工行业处于微生物肥料产业化发展的第一线，只有加工行业得到发展，才能为市场提供大量优质的微生物肥料产品。微生物肥料加工行业的发展必须采用先进的生产工艺和设备，同时，企业管理者必须加强质量意识，建立质量控制体系及技术力量较强的生产队伍。

4.抓紧研发生产微生物肥料专用机械设备

从国内许多企业来看，采用标准的发酵设备生产液体接种剂一般都能达到标准规定的技术要求。但使用现有设备来生产符合质量要求的微生物复合肥，则难度很大。专用的微生物复合肥生产设备主要包括造粒设备及干燥设备等。只有专用设备的广泛采用，才能促进我国微生物肥料产业化水平提高。

5.建立微生物肥料质量标准和管理体系

微生物肥料作为一种商品进入市场，必须接受质量监督和管理。农业部已于1994颁布了微生物肥料产品质量标准，对微生物肥料的技术要求和检测方法提出了具体规定。各企业生产的微生物肥料必须达到标准的指标，才算合格产品。为了加强微生物肥料的质量监督管理，农业部已建立“农业部微生物肥料质量监督检验测试中心”，并于1996年4月正式对外开展业务工作。微生物肥料质量管理工作刚刚起步，需要不断地完善。目前存在的问题是标准少，覆盖面小，许多微生物肥料产品没有可依托的行业标准。另一问题是许多企业没有完善产品标准或没有产品质量检验人员和必需的检验设备，产品未经检验就出厂。建立完善的微生物肥料质量监督检测体系，规范微生物肥料市场，限制伪劣产品生产。质量监督部门应有重点地扶持一些有条件的企业，推广出微生物肥料的名优产品，让名优产品占领市场。

6.加强微生物肥料的科研、技术培训及推广应用工作

我国微生物肥料的生产应用已有几十年的历史，微生物肥料在农牧业生产中的应用效果已得到肯定。但除根瘤菌接种剂外，其他微生物肥料的作用机理并不十分明确，对微生物与植物之间的作用机理等方面都需要进行广泛的研究，才能科学地确定优良菌种和优质菌剂的技术指标，为生产优质菌肥提供理论依据。近年来，我国微生物肥料行业发展较快，一些企业质量意识不强，存在许多技术问题，农业部微生物肥料质量监督检验测试中心应在加强对企业的质量监督检验的同时，积极开展技术培训和技术服务工作，使我国的微生物肥料市场进一步规范，将有力地推动我国微生物肥料向产业化方向发展。

第二节 国内外微生物肥料的发展现状

一、农业发展现状与趋势

（一）农业发展速度下降

第二次世界大战后，世界农业经历了50年代的快速增长和70年代的持续增长后，20世纪80年代至90年代初，农业生产增长速度下降，农业生产指数（含种植、畜牧业和农产品初步加工业）降到60年代的水平。导致世界范围农业发展速度下降的原因，一是自然灾害频繁，包括大范围的旱、涝及虫灾。例如1978-1993年中国平均每年的受灾面积为4519万公顷，其中成灾面积2196万公顷（约占全国耕地面积的22.7%），成灾面积中，水灾约占44.8%，旱灾占55.2%。又如非洲中北部广大地区70年代中期和80年代末以来的持续干旱，是导致这一地区农业生产长期低而不稳、粮食自给率较低的主要原因。二是农业投资不足。广大发展中国家由于初级产品出口价格暴跌等原因，经济困难，财政状况恶化，债台高筑，无力对农业基础设施进行大规模的投资，致使水利设施老化，年久失修，水土流失和沙漠化加重。近年，联合国开发署和世界银行等国际组织虽对发展中国家一些农业项目给予贷款扶持。但杯水车薪，不能从根本上解决问题。三是农业价格政策不合理。农业生产资料价格上涨过快，工农业产品价格剪刀差不断扩大，严重挫伤了农民的生产积极性。

（二）发达国家和发展中国家农业发展不平衡性加剧

尽管从原始农业形成以来，世界农业发展就是不平衡的，一部分地区已进入农业发展的新阶段，另一部分地区却停留在前一发展阶段上。但自第二次世界大战以来，这种不平衡性在逐步加剧，主要表现在：占世界总人口22.2%、总耕地面积47.8%的发达国家已经实现了农业现代化，它们的农产品出现了过剩；而占世界总人口76.8%、总耕地面积52.2%的发展中国家则不但没有实现现代化，而且在一定的区域内（如非洲）还存在着农产品的严重短缺，难以满足这些国家人口日益增长的消费需求。即使是多数已达到粮食自给或基本自给的国家，也仅仅是温饱型，其食物的营养结构水平较低，特别是蛋白质和脂肪的平均日摄入量远低于发达国家水平。

今后，由于现行的不合理的国际农产品贸易体制和世界农产品贸易的保护主义仍将继续有利于发达国家，加之发展中国家人口增长太快，以及高新技术率先在发达国家农业中推广应用等因素，发达国家与发展中国家农业发展不平衡状况将继续延续，甚至有可能进一步加剧。

（三）人口增长过快，对粮食等农产品需求压力日益增加

1992年，世界总人口达54.8亿，比1950年增长了29.6亿，其中发达国家在此期间人口增长4.37亿，占世界人口增长量的14.8%；发展中国家的人口增长25.27亿，占世界人口增长量的85.2%。其中人口增长最多的是亚洲，增加19.84亿，其次是非洲，增加3.31亿。发展中国家人口的高速增长，给粮食等农产品的需求带来巨大的压力。1992年，亚洲及非洲人均谷物产量分别为273.5千克和122.8千克，远低于世界平均水平356.3千克。中国自1949～1993年，全国粮食总产量增长了3.03倍，平均增长3.38%；但同时，全国总人口却增长了1.19倍，年平均自然增长率为18.82%，因而人均生产粮食仅从1949年的208.9千克提高到1993年的387.3千克，略高于世界平均水平。而非洲的粮食生产则大大落后于其人口的增长，人均生产粮食由1962年的186千克，降至1970年的170千克和1980年的151千克，1992年更降至122.8千克。

据联合国及世界银行预测，到2000年世界总人口将达到62.5

亿人，2025年将达到84.7亿人，2055年达93.2亿人。考虑到人民生活水平的提高，预计到21世纪前半期，世界农产品需求量将比1992年增长1.6倍，其中发达国家增长约60%，发展中国家增长12.4倍左右。

（四）农业资源缺乏，农业生态环境日益恶化

土地和淡水不仅是农业生产的基本资源，也是人类生存的基本条件。世界土地总面积为130.4万公顷，其中耕地及多年生作物用地占11.05%（耕地占10.33%），长期牧场占25.74%，森林和林地占29.61%，其他用地（包括居民点、道路等非农业用地，以及荒山和沙漠）占33.60%。20世纪60年代以来，世界耕地长期停滞在13亿～13.5亿公顷水平上，其原因有二：一是现有耕地被非农业用地占用而减少，二是新开垦的耕地面积增加不多。两者相抵，使世界耕地面积大体保持稳定。由于人口增长过快，世界人均耕地已由1950年的2.76公顷减至1971年的0.4公顷和1990年的0.27公顷；人均牧地则由2.95公顷减至0.81公顷和0.64公顷；人均林地亦相应地从1.82公顷减至1.1公顷和0.76公顷。今后耕地面积的扩大既受到后备资源的限制，又受到资金、劳动力、居住环境条件等因素的制约，而且大部分宜农荒地现在已经是牧地和林地，大规模开垦往往伴随着水土流失、沙漠化等生态环境问题出现。

全球年可利用的水资源总量约为40673千米^3，由于其时空分布极不平衡，估计世界约有半数以上的人口面临缺水的威胁，特别是占世界人口30%～40%、耕地1/5的干旱半干旱地区，水资源尤为短缺。此外，山地丘陵区的水土流失，干旱区的沙漠化，森林减少，草原退化以及日益严重的农业环境污染（尤其是水污染）等等，都是困扰当前世界农业持续发展的重大问题。

（五）世界农业发展的潜力与前景分析

针对上述制约世界农业发展的人口、资源和生态环境问题，

70年代以来，与国际社会提出的“既能满足当代人的需求，又不对后代人满足其需求的能力构成危害”的可持续发展理论相接轨，持续农业成为21世纪世界农业的发展方向。持续农业的核心是要协调好农业发展同人口、资源和生态环境的关系，使其保持和谐、高效、优化、有序的发展，亦即是在确保农业生产和农产品产量获得稳定增长的同时，谋求人口增长得到有效控制，自然资源得到合理开发利用，生态环境向良性循环发展。关于持续农业的概念，据联合国粮农组织1991年4月在荷兰召开的农业与环境会议所发布的登博斯宣言（Den Bosch Declaration），持续农业的三个战略目标为：①积极增加粮食生产。②促进农村综合发展，开展多种经营，增加农民收入。③合理利用、保护与改善自然资源，创造良好的生态环境。美国学者R.R.哈沃德认为，持续农业有五个要素：①增加产品与就业，不断增加食品，满足人口增长需要。②提高农业生产率，提高资金、土地、生产、投入和资源利用率。③维持一个良好的环境与养分循环。④持久地保持资源开发能力。⑤农业以及相应的工业的合理分布与规模。70年代开始出现的有机农业、生态农业和超石油农业等均为持续农业的有益尝试。

当前，对21世纪甚至未来世界农业的发展问题，有两种截然相反的观点，一种是悲观论者，另一种是盲目乐观派。前者认为，地球上的土地、淡水等自然资源是有限的，现在已超负荷使用，因而地球生态系统平衡已经受到破坏；今后由于人口增加和人民改善生活的愿望，将使人均消费需求增长更快，以致地球上的资源将被耗尽。一些观点认为，随着科学的进步，人类在利用现有资源和开发新资源能力上都将极大地提高，因此，地球上可以养活的人口比现在的50多亿多几倍甚至10倍。显然，这两种极端的观点，不仅不符合当前世界农业现状，而且背离了1992年6月联合国环境与发展大会通过的《21世纪议程》中所提出的农业与农村可持续发展战略。作为实施《21世纪议程》的基础与优先领域，未来世界农业的持续发展在可持续发展中占有举足轻重的地位。

我们认为，21世纪和未来世界农业的持续发展应同其潜力的充分发挥紧密相联。这种潜力包括两方面：一是现有的增产潜力，只要通过增加投入和强化农业的基础设施建设等措施就可释放出来的潜力。二是潜在资源的开发利用，如海洋资源、新的生物物种的开发等，随着科学技术的进步才能逐步实现。因此，我们对未来世界农业的发展前景持谨慎的乐观态度。

世界农业发展中，无论是种植业，还是畜牧业、林业和水产业，在现有的基础上均有较大的增产潜力。以粮食生产为例，1992年世界谷物平均单产为2791千克/公顷，其中发达国家平均为3235千克/公顷，发展中国家平均为2503千克/公顷，两者相差达732千克/公顷。按各大洲看，非洲最低，仅1056千克/公顷，北美洲最高，为4369千克/公顷；按国家，谷物单产最高的荷兰达7454千克/公顷，其他较高的还有法国（6516千克/公顷）、英国（6365千克/公顷）、日本（5847千克/公顷）和美国（5360千克/公顷）等，最低的非洲博茨瓦纳仅1252千克/公顷。同为世界人口大国的中国和印度，粮食单产相差十分悬殊，前者为4397千克/公顷，后者仅1969千克/公顷。上述世界粮食生产的不平衡现象表明，世界粮食生产潜力十分巨大。例如，只要发展中国家粮食单产达到目前发达国家水平（这难度并不太大），世界谷物就可增产2.58亿吨，可供6.44亿人消费（按人均年消费400千克计）。又如谷物单产最低的非洲，只要达到当年发展中国家的平均单产水平，谷物总产便可增加1.37倍。需要指出的是，世界谷物现状单产水平的巨大差异，在很大程度上是同农业现代化水平有关，只要通过改善生产条件，增加相应的物质和科技投入，便有可能实现上述增产目标。

随着科学技术的进步和生产的发展，一方面，人类对现有农业自然资源利用的能力不断加强，亦即是农业从粗放经营向集约化经营方向发展；另一方面，人类对开发农业自然资源新领域的能力也将大大提高。例如，现在人类食物的90%是在耕地和牧场上生产的，只有10%来自海洋。而海洋占地球表面面积的71%，达361亿公顷。海洋动物有18万种、海洋植物有2万种。现已查明，其中经济价值较高的鱼类有400多种，可食用的海藻70种，而且都是富含蛋白质的食品。由此可见，海洋动植物资源的开发潜力很大，仅世界公海海域中的中上层鱼类、头足类和南极磷虾的资源可捕获量就达2亿～3亿吨/年，相当于目前世界渔获量的2～3倍。此外，海水养殖业的潜力更大，目前利用率很低。因此，可以预料，海洋将成为未来人类获取蛋白质的重要来源。另外，将牧草通过反刍动物转化成肉食的畜牧业，是人类又一重要的食物来源。牧草的主要成分是草纤维素，据估计，全世界牧草年产量约1000亿吨（干重）。未来增加肉食产量的途径：一是实行牧场草地集约化经营，改进草原管理，此举估计可将现有草原载畜量提高数倍；二是研究木质部通过生物转化成食物，将世界上草、木两类最丰富的有机物都利用起来，转化成动物蛋白质。

此外，通过提高农作物光能利用率和土壤肥力而实现农作物增产的潜力也十分可观。目前全球平均农作物光能利用率仅为0.4%，国外高产地块可达9%～10%。随着科技进步，完全有可能实现农作物光能利用率比现在大约增加10倍，加之土壤肥力的不断提高，农业增产潜力是现在无法预计的。因此，今后农业供养人口的潜力是很大的。

总之，人类在过去一万年来的农耕史，就是人类开拓自然资源和控制、改造、保护自然资源的历史。在漫长的农业实践中，人类陆续开拓了农、林、牧、渔各业，培育了近百种动植物，并积累了大量改造利用不利的自然条件以及一整套用地与养地相结合的经验。随着科学技术的发展，未来农业不仅会保护和强化利用现有农业资源，而且会开拓并合理利用新的资源，逐渐建立起既能满足人类自身持续生存需要，又能合理、永续地利用自然资源，并同保护和改善农业生态环境相结合的持续农业。

二、根瘤菌剂在世界范围得到推广和普及

世界上许多国家，如美国、澳大利亚、新西兰、日本、意大利、奥地利、加拿大、法国、荷兰、芬兰、泰国、韩国、印度及非洲的一些国家，至少有70多个国家研究、生产和应用豆科根瘤菌，不仅接触处面积不断扩大，而且应用的豆科植物种类繁多。不少国家在经历一段时间的混乱后，逐步认识到加强根瘤菌肥料质量管理的重要性，并制定了相应的标准。

（1）澳大利亚：一批产品通过要求5袋被检样品，平板计数 1000×10^6cfu/克湿草炭，200×10^6cfu/克湿草炭（百脉根）；细胞革兰氏阴性和与已知菌株抗血清的血清学反应吻合；10^{-6}稀释度的平皿上无污染；试验寄主上10^{-7}和10^{-8}稀释度结菌。

（2）奥地利：由于消费者无法检测商业菌剂，所以质量监督极为重要。豆科根菌剂的质量以下列几个要素为基础：产品中的根瘤菌在豆科植物上或在标签所列的植物上具有结瘤和固氮能力；在有效期内，产品中保持足够数量的活菌数；除根瘤菌外，菌剂不含或基本上不含杂菌。

（3）英国：在全国没有一定的标准来限制接种剂的生产。两家主要生产公司的菌剂标准遵循着它们的出口国（加拿大、法国等）的标准。为了保险和挖掘所有可能的市场，两公司制定的商业目标是：每克接种剂至少含有2×10^9个根瘤菌，并且至少在18个月内保持高于这个水平。

（4）法国：要求菌剂接种比率范围为每粒种子$10^4\sim10^6$个。贮存的菌剂接种时，要保证大豆每粒种子为10^6个慢生大豆根瘤

菌，苜蓿种子上为10^3个苜蓿根瘤菌。另外，它要求登记的根瘤菌接种剂必须是纯的培养物，贮存期保持无污染状态。

（5）加拿大：要求每一种接种剂都必须含有对于特定作物的根瘤菌，且有一定量的菌数，以使接种后每粒种子带有1000个（苜蓿、三叶草、车轴草）、10000个（驴喜豆）或100000个（豌豆、菜豆、兵豆、大豆）根瘤菌。同时，要求菌剂包装必须标明肥料注册号、生产批号、有效期等内容。

（6）泰国：依据本国环境及农业生产条件制订的。在大条件下，应保证每粒种子带有$10^5 \sim 10^6$个根瘤菌，所以合格菌剂必须每克有5×10^7个根瘤菌；每10千克大豆或12千克花生种子施用菌剂200克。用于菌剂生产的菌株必须严格筛选，而且对于相应寄主为最有效菌株。原始菌株、种子液和发酵液必须是纯的。到发酵最后阶段，根瘤菌须经血清学验证，活菌数达每毫升10^9个。

（7）卢旺达：只有当根瘤菌数达到10^9个/克接种剂，且杂菌率小于0.001%时方可出售，并建议在保质期6个月内使用最佳。

（8）布隆迪：根瘤菌数大约为每克接种剂10^8个。

（9）前苏联：每克$5 \times 10^7 \sim 10 \times 10^7$个活菌。

（10）前捷克斯洛伐克：每克1×10^5个活菌。

（11）荷兰：每克$4 \times 10^9 \sim 25 \times 10^9$个活菌。

（12）印度：出厂时每克1×10^8个活菌，失效期时不少于1×10^7个活菌。

（13）新西兰：每克1×10^8个活菌。

（14）美国：美国豆科接种剂的质量不由联邦政府控制管理，有些州设有自己的规定。如印第安纳州，允许接种的仅限于苜蓿、三叶草等小粒种子上，令人满意的标准为90%或以上的植株其1/4英寸的主根范围内必须有1个或更多的根瘤，而且必须表现固氮能力；威斯康星州，满意的标准为80%或以上的植株在主根1/4英寸范围内有根瘤，而且固氮。

三、固氮细菌、解磷细菌和解钾细菌等的研究

除根瘤菌以外，许多国家在其他一些有益微生物的研究和应用方面也做了大量的工作。前苏联及东欧一些国家的科研人员进行了固氮菌肥料和磷细菌肥料的研究和应用，所用的菌种为圆褐固氮菌和巨大芽孢杆菌。他们和前捷克斯洛伐克、英格兰及印度的研究固氮菌的工作者证实，这类细菌能分泌生长物质和一种抗真菌的抗生素，能促进种子发芽和根的生长。70年代末和80年代初，一些国家对固氮细菌和解磷细菌进行了田间试验，结果各异，对其作用还有相当大的争议。但在固氮螺菌与禾本科作物联合共生的研究中取得了一定的进展，在许多国家作为接种剂使用。总结20年来世界上一些国家的田间试验数据表明，固氮螺菌接种在土壤和气候不同的地区可以提高作物的产量，在60%～70%的试验中增产5%～30%。它们促进生长的主要机制是产生能促进植物生长的物质，能促进根毛的密度和长度、侧根出现的频率及根的表面积。固氮螺菌在一些国家的使用效果如下。

（1）美国：1975－1984年，在佛罗里达州研究表明，施用固氮螺菌每年大约固氮2.6千克/亩（一亩≈667米^2），在玉米中施用有的增产显著，达10%～20%，而有的差异不显著，接种未见产量有明显改变。目前，有一家公司推广出了一种接种剂“Azo-Gree”，用于禾本科作物。

（2）印度：20世纪80年代，在11个中心进行了许多接种试验。接种剂由新德里的一个实验室提供，开始时活菌数为1.5×10^{11}个/克，9个月后变为10^9个/克，种子用糊浆法接种，用羧甲基纤维作粘着剂。多点试验结果表明，在不同作物和农业条件下，增产15%～19%，高粱、珍珠米等反应明显。在接种谷子、高粱的试验中，50%作物显著增产。

（3）泰国：1984～1985年雨季，在3个不同地区进行接种试验，在玉米上增产15%～35%。

（4）以色列：1979～1986年，在40个点上对玉米、小麦、高粱等进行接种试验，每粒种子接种量为10^7个，增产15%～20%。在夏播作物接种试验中，75%获得增产的结果；而冬小麦接种试验中，只有50%增产，增幅为5%～12%。

（5）埃及：在尼罗河三角洲两个小区的水稻进行接种试验，增产15%～20%。

（6）意大利：在21个试验点上，对水稻、玉米、小麦和大麦进行接种，接种剂活菌数为每克10^9个，每千克种子用接种剂30克。接种后降低施肥量，但产量与全量施肥的小区相同；在另外的18个试验点，接种螺菌后增产达3%～54%；在中等施肥基础上，小麦接种后增产可达10%～40%。现开发出适于玉米用的接种剂“Zea－Nit”，蛭石为载体，每克含菌10^9个，试验结果表明，接种此菌剂可取代35%～40%氮量，而不降低产量。

（7）法国：1987－1992年，在12个点对7个玉米杂交种进行接种试验，使用剂量为每粒种子2×10^6～1.5×10^8个。结果表明，在不同玉米品种和不同土壤，均表现增产。该产品已在法国注册，商品名为“Azogreen”。

（8）巴西：用固氮螺菌接种小麦，结果表明可增加植株的干物质重和含氮量，籽产量亦有所增加。

（9）墨西哥：小麦用不同的菌株接种，产量增加明显达23%～43%，草炭菌剂含菌数为3×10^8～5×10^8个/克。使用本地分离的菌株增产效果较好。在玉米的试验上表现可节氮50%。

（10）乌拉圭：在高粱上接种，剂量为每粒种子1×10^7个，增产10%～15%。

（11）阿根廷：在6个省份进行广泛的试验，结果各异，与上述国家的情况大致相同。

综上可以看出，微生物肥料的功效已得到人们的承认，但它在生产中的效果还不是很稳定，这限制它的进一步推广和普及，这是由于微生物肥料的作用受许多条件的制约，对一些制约因素如果不清楚或根本不了解，再好的应用效果也无从谈起。如微生物和寄主之间的关系，品种专性和光谱性机制，制品中微生物进入土壤后的制约因素，同类微生物的竞争等，这在根瘤菌肥料中尤为重要；再有接种剂细菌在载体上的存活，在种子上的存活，在根际的定殖，引起植物反应的程度，及其应用方法等方面，都需要进行广泛的研究，为微生物肥料的应用打下坚实的理论基础，使微生物肥料得到广泛的应用。这是由于当前世界人口猛增，社会对粮食和肥料的需求日益迫切。然而，作为化肥生产原料和能源的石油资源有限，依赖有限资源终难以维持农业的持续发展。而今后农业的发展方向是持续农业，因此就要发展生态农业和生物肥料。而生物肥料不仅可补充肥源的不足，而且有可能成为绿色食品专用肥进入商品市场，成为新兴的“绿色产业”，在农业生产中发挥其应有的经济效益、社会效益和生态效益。

当前，生物工程与基因工程在农业上较成熟并推广应用的有三项：一是植物组织培养，使一些需多年培养的珍贵观赏植物和经济植物如兰花、荔枝、人参等在一年内即可培育成功，取得明显的经济效益。还可选取无病毒植物的茎尖组织进行无病毒植株的培养。二是兽医药品，如用基因工程技术生产口蹄疫苗，牛的生长激素等单克隆抗体兽药等。三是家畜胚胎移植和冷冻技术。有的国家还建立了胚胎冷冻保存库，开展国际胚胎贸易。

（1）新材料技术：包括功能材料、复合材料、聚合物材料及特种陶瓷等，其中以聚合物材料与农产品原料生产关系最密切。如合成橡胶、塑料、合成纤维等聚合物材料的使用，可减轻对农产品原料需求的压力。塑料广泛用于建筑材料（今后可能占1/4以上），将会大大减少对原木的需求，免除对森林的过量采伐。此外，具有特殊光、电、磁、热性能的功能材料今后在农业上也有广泛的应用前景。

（2）生物能源技术：系农业部门开发的生物能源。如70年代后期出现的种植能源林，选择速生的能源树种，甚至开发能源林场，生产的薪材林主要用作民用燃料。此外，还可种植能提取能源原料的农作物。如从甘蔗、玉米中提炼取得的酒精已用于工业生产，可部分取代汽油。如把甘蔗产量的一半用于生产酒精，每吨甘蔗干物质可制造酒精8.2吨。又如，利用植物秸秆、牲畜粪便、海藻及污水产生的沼气，已成为中国、印度等发展中国家一些农村的重要民用能源。

（3）海洋开发技术：在海洋开发方面已崭露头角的高新技术有：开采海底石油、海水养殖、海水淡化、从海水中提取钾、镁等元素，海洋发电、潜水和水下作业技术等。其中与农业关系最密切的是海水养殖业，它使农业为人类提供食物的任务从陆地扩展到海域，并从根本上改造了海洋渔业的原始捕捞方式，而用人工方法使海洋水生生物增殖，因而维护了渔业资源的再生力。海水养殖技术有两种：一是人工放流鱼苗，待其增殖后回收一部分；二是在沿海滩涂养殖海生生物。海水养殖前景广阔，据估算，如果充分利用世界沿海滩涂，可生产相当于现在海洋渔获量15倍的水产品。海水养殖业有可能将海洋变为人类未来食物的重要生产场所。

此外，海水发电将使农业有充足的电力，海水淡化不仅可用于工业，也可用于农业灌溉。

（4）信息技术：其中微电子技术已经成熟。微型电子计算机可以应用于农业中的许多方面，包括会计和财务分析，农牧业生产管理与自动化生产，计算机网络信息管理，建立农业数据库系统、专家系统，进行系统模拟、适时处理与控制和数字图像处理等。如在作物生产管理方面，美国于20世纪80年代初开发出大型棉花和虫害管理模型（CIM）。后来又通过嵌入专家系统进一步加以完善，于1986年推出了棉花综合管理系统（COMAX）。在开发计算机网络服务方面，法国农业部植保总局建立了一个全国范围的病虫害测报计算机网络系统，可以适时提供病虫害实况、病虫害预报、农药残毒预报和农药评价信息等。

（5）空间技术：空间技术与农业关系密切，如通讯卫星、气象卫星可提高气象观测水平，更好地为农业服务。遥感可用于土壤调查与土地资源清查及其制图、作物估产、植物识别、自然灾害调查、土壤湿度与农业环境污染等方面。遥测可对农作物、森林和渔场进行观察监视，预报产量，预报鱼群洄游路线以及森林防火等。预计在未来还将出现在航天飞行器里栽培植物的“宇宙农业”。

第二章 生物农药概况

第一节 生物农药发展简介

随着化学农药大面积、全方位地使用，整个农业生态系统已经日趋恶化，靶标生物的抗药性逐渐增强，迫使人类研究毒性更强、浓度更高的化学农药来控制其发生，如此恶性循环导致对这些靶标生物的控制越来越难，而相应的化学农药的开发难度和开发成本却越来越高。同时化学农药对非靶标生物的杀灭和毒害作用严重影响了自然生态平衡和生态系统的自我调节能力。化学农药的残留和对环境的释放也越来越威胁着人类的生命和健康。这些都使得研究人员和生产企业开始把注意力转向低毒、低残留、不易产生抗药性的生物农药的开发与使用。由于生物技术的高速发展为生物农药提供了坚强的技术后盾，生物农药必将迎来新的发展机遇。

现在是科学家们开发生物农药最好的时机。由于合成的活性物质数量有限，欧洲蚜虫抗性不断增加，台湾毛朦的暴发以及美国臭虫的危害，消费者正面临作物保护用药的挑战，以及化学农药对人类健康和环境影响等问题。同时消费者正在寻找数量非常有限的传统方法来解决这些害物问题。一般来说生物农药比相应的合成物质要安全和环境友好。10年前，人们掀起了新一轮研究天然农药的热潮，最近对其研究发展很快。人们正在寻找有效的、环境友好的天然“生物”解决方案。最近15年，数个生物农药在一定程度上被成功开发应用。典型的例子是生物杀虫剂多杀菌素，它是土壤放线菌刺糖多孢菌（Saccharopolyspora spinosa）发酵产生的次级代谢产物。

1995年，美国环保局引入了一种新类别的生物农药叫转基因植物农药（PIP）。转基因植物农药是植物产生的杀虫物质，基因是植物产生此种物质的必要条件。例如，科学家把特定的BT杀虫蛋白基因克隆到植物的基因中，当害虫取食植物时，植物产生的杀虫蛋白能控制害虫的危害。美国EPA对杀虫蛋白和基因进行管理，而对植物本身不进行管理。自1995年3月以来，EPA已登记了32个转基因植物农药，这些植物都能杀灭危害作物的害虫。

多年来，已有多篇文章论述了天然产物的生物活性，然而这些文章主要集中于天然产物的医药用途，即抗生素的研究（Berdy，2005；Nemain和Sanehez，2009）。本文主要介绍作为生物农药的一些天然产物的基本信息，这些生物农药涉及的范围很广，包括数个研究领域。在每个研究领域都获得了大量的有趣的信息。但本文不对生物农药的各个方面进行评述，只对一些主要的产品、未来的研究领域和市场化进行介绍。有人把生物控制剂绒茧蜂属（Lady bug beetles）也作为生物农药，但在本书中对其不进行讨论。

生物农药在抗性管理、使用间隔期（Restricted entry intervals）和残留方面具有独一无二的优势。因为大多数生物农药具有新颖的作用方式，害虫发展抗性的可能性小。生物农药是害物综合管理的工具，其具有低的使用间隔期限制（0～4小时），一般在作物收获前都可以使用，大多没有间隔期的限制。一般也认为生物农药不存在残留限制问题，也就是说其在植物叶子和水果上的残留可被接受。由于这些独有的特性，生物农药适用于利润较高的利基市场，如家用和花园用药，宠物、医院、有机水果和蔬菜以及有机农业。

进入21世纪以来，全球保护环境的呼声日渐增高，公众对食品安全的关注愈加密切，使得生物农药在国际、国内获得了又一次发展的机遇。《国家中长期科学与技术发展规划纲要（2006—2020）》和《国家“十二五”科学和技术发展规划》将生物产业作为新兴产业的一部分，把农业生物药物与生态农业作为优先发展主题，有害生物控制作为需求导向的重大科学问题研究领域和方向之一。我国生物农药领域从业人员抓住机遇，努力创新，在基础理论研究、生物农药研制、应用技术推广等方面都有新的建树。

世界各国在大力推广使用生物农药，据统计，2000年生物农药占全球农药市场份额的0.2%，2009年增长到3.7%。2010年全球生物农药的产值超过20亿美元，市场占有率达到4%左右。据Markerts&Markets发布的《2012—2017全球生物农药市场趋势与预测》报告显示，2011年全球生物农药市场价值达13亿美元，2017年有望达到32亿美元，从2012年到2017年期间将以16%的复合年增长率增长。预计北美占据全球生物农药市场的主导地位，其2011年占比达到40%。欧洲市场由于农药管理制度严格且对天然产品的需求日益增大，有望在将来成为生物农药发展最快的市场。从我国生物农药的发展历程来看，基本与国际生物农药发展同轨。经过50多年的发展，目前我国已经掌握了许多生物农药的关键技术与产品研制的技术路线，在研发水平上与世界水平相当。人工扩繁赤眼蜂技术、虫生真菌的工业化生产与应用技术、捕食螨商品化、植物线虫的生防制剂、植物免疫生物诱抗药物研制等某些领域国际领先。据统计，我国具备一定科研条件和发展规模的生物农药研发机构有30余家，主要包括科研院所、高校、国家及省部级重点实验室、工程中心等。拥有260多家生物农药生产企业，约占全国农药生产企业的10%，生物农药制剂年产量近13万吨，年产值约30亿元人民币，分别占整个农药总产量和总产值的9%左右，应用面积2600万～3300万公顷·次。我国生物农药产品剂型从不稳定向稳定发展，由剂型单一向剂型多样化方向发展，由短效向缓释高效性发展。研究和发现新型先导化合物和明确新型药物作用靶标已经成为新型生物农药创制与开发的重要基础性工作。随着植物免疫理论的快速发展，植物抗病免疫诱抗剂近年来取得了引人瞩目的发展，随着生物农药及健康植物保护相关研究的开展，绿色植保已经成为国家发展的重要需求与必然趋势。

第二节 生物农药的分类及国内外研究发展现状

一、生物农药的概念及种类

生物农药是指用来防治病、虫、草等有害生物的生物活体及其代谢产物和转基因产物，并制成商品的生物源制剂，包括细菌、真菌、病毒、线虫、植物、昆虫天敌、农用抗生素、植物生长调剂剂和抗病虫草害的转基因植物等。

生物农药因分类依据的不同而异。生物农药按用途可被分为3大主要类别，即生物除草剂、生物杀菌剂和生物杀虫剂。按照来源可把生物农药分为生物体农药和生物化学农药两类，其中生物体农药又分为动物体农药、植物体农药、微生物体农药，生物化学农药又分为植物源生物化学农药、动物源生物化学农药、微生物源生物化学农药等。

二、国外生物农药的研究发展现状

（一）生物体农药

1. 动物体农药

这类生物农药主要是天敌昆虫。对天敌生物农药的开发，

- 生物农药 Biopesticides
  - 生物体农药 Organ pesticides
    - 植物体农药 Botanical pesticides
      - 转基因作物 Transgenic plants
    - 动物体农药 Zoic pesticides
      - 天敌昆虫、捕食螨、转基因昆虫等 Natural enemy, insects and mites, transgenic
    - 微生物体农药 Microbial pesticides
      - 真菌、细菌、病毒、线虫、微孢子虫等 Fungi, bacteria, virus, nematode, microsporidan, etc
  - 生物化学农药 Biochemical pesticides
    - 植物源生物化学农药 Botanic biochemical pesticides
      - 毒素、激素、防卫素、植物源昆虫激素、异株克生物质等 Phytotoxin, plant hormone, phytoalexin, phytogenous insect hormone, allelochemical, etc
    - 动物源生物化学农药 Zoic biochemical pesticides
      - 昆虫信息素、昆虫激素、毒素等 Pheromone, insect hormone, animal toxin, etc
    - 微生物源生物化学农药 Microbial biochemical pesticides
      - 抗生素、毒素类等 Antbiotic toxin, etc

生物农药分类图

目前国外已形成了一定规模化的产品，世界上规模较大的天敌昆虫公司已有80多家，仅北美已经商品化生产的天敌昆虫就多达130多种，主要有赤眼蜂、丽蚜小蜂、草蛉、瓢虫、螳螂、花蝽、捕食性螨等，广泛应用于果园、大田、温室等。国外很多科研机构对天敌昆虫或害虫进行生物技术改造取得了良好的效果，如研究出了带抗有机磷农药基因的工程益螨Mataseiulus occidentalis，还有将昆虫显性不育基因导入害虫雄虫体内培育出不育雄虫，效果也不错。

2. 转基因植物

对转基因植物的研究开始于20世纪80年代，并逐渐升温，1996年美国推出具有抗虫性的苏云金杆菌（Bacilus thuringiensis，Bt）转基因玉米，随后各国通过转基因分别研制出的抗虫大豆、抗虫棉花（棉铃虫、红铃虫）、抗虫马铃薯（甲虫）、抗病毒的西葫芦、抗除草剂的玉米等。据不完全统计，目前约有90多种转基因植物产品被批准商业化生产应用。

3. 微生物体农药

（1）微生物杀虫剂

目前世界上报道的杀虫真菌约有100多属，800多种，先后有50多个产品登记注册。各国研究应用最多的是白僵菌，俄罗斯用它防治马铃薯甲虫，美国用它防治森林害虫；其次是绿僵菌，主要防治地下害虫，巴西、澳大利亚使用金龟子绿僵菌防治甘蔗和牧草害虫；此外拟青霉属、赤僵菌、虫生藻类也有应用，美、英等国还有蚧生轮枝菌、大链壶菌、汤普生多毛菌制剂。

目前筛选的杀虫细菌有100多种，其中被开发成产品投入实际应用的主要有：苏云金芽孢杆菌、日本金龟子芽孢杆菌、球形芽孢杆菌、缓病芽孢杆菌。其中苏云金杆菌是当前研究最多的生物杀虫剂，国外许多国家如美国、日本、朝鲜、法国、俄罗斯、比利时等国都有Bt制剂生产，产量属美国最大。目前Bt研究的焦点是开发Bt新资源和通过各种现代生物技术手段（基因重组、原生质体融合、加质粒消除、结合转移）研制出广谱、高效的Bt工程菌。球形芽孢杆菌在欧洲和北美已被注册，用于防治蚊子幼虫，尤其是库蚊幼虫。

昆虫病毒杀虫剂也是目前生物农药研究的一个重点，全世界已从900多种昆虫中发现了1690多种病毒，研究开发出棉铃虫多角体病毒、毒蛾多角体病毒等大约50多种病毒制剂，登记注册的病毒杀虫剂有30多个品种，其中美国6种、欧洲10种、俄罗斯11种。目前，科研工作者们利用基因工程技术（插入激素或酶类、插入神经毒素、缺失egt基因、基因重组）改造昆虫病毒，获得了很多高毒力、抗分解的生物病毒，如美国的舞毒蛾NPV、加拿大的云杉卷叶蛾NPV、以色列的海灰翅夜蛾NPV等。

（2）微生物杀菌剂

世界各国已有25种以上的真菌杀菌剂产品注册，应用最广的是木霉菌，以色列开发出一种名为Trichodex的哈茨木霉制剂，能防治灰霉病、霜霉病等多种叶部病害，已在欧洲和北美的20多个国家注册，日本山阳公司开发了用于防治烟草白绢病的木霉菌制剂。WRGrace公司开发出了用于园艺的绿黏帘霉，Ecologicallabs 研制出木隔孢伏革霉防治森林病害。

早期用于生防研究的细菌主要有假单孢菌、放射形土壤杆菌、欧文氏菌等。放射形土壤杆菌K84在1973年被大规模生产，用来防治果树的根癌病，美国报道了用草生欧氏杆菌防治梨火疫病效果很好。近年来，人们开始发现芽孢杆菌的巨大杀菌潜力，美国开发的枯草芽孢杆菌制剂（Kodiak）对植物由Fusarium和Rhizoctonia引起的病害防效很好，蜡质芽孢杆菌UW85制剂在美国登记为种子处理剂，防治苜蓿猝倒病，国外还报道了地衣芽孢杆菌防治黄瓜和烟草炭疽病。

1989年Kemica推出放线菌杀菌剂Streptomycesgriseovirdis，商品名Mycostop，主要用于观赏植物和温室蔬菜上的镰刀菌引起的枯萎病。

（3）微生物除草剂

1981年，DeVine在美国被登记注册为第一个生物除草剂，它是棕榈疫霉（Phytophthora palmivaraButl）制剂，用于柑橘园进行土壤处理防治莫伦藤（Morrenia odorata Lindl），防效达96%。在DeVine之后，Collego获得登记，它是阿肯色州大学和Upjohn公司开发的一种合萌盘长孢状刺盘孢合萌专化型（Colletotrichum gloeosporioules f.sp.aeschynomen）（简写为Cga），用于防治水稻及大豆田中的弗吉尼亚萌。还有Philom Bios公司于1992年商品化的一种长孢状刺盘孢锦葵专化型（Colletotrichum gloeosporioules f.sp.malvae）（简写为Cgm）干粉剂，用于防治圆叶锦葵、苘麻。美国使用植物真菌炭疽病原平头刺盘［Colletotrichum truncatum（Schw.）Andr. et Moore］研制的真菌除草剂用于水稻和大豆田中防除大麻，在其施入7天后大麻植株死亡。还有Colletotrichum gloeosporioules f.sp. aeschynomene研制的真菌除草剂，防除卷茎蓼，防效95%。纵沟柄锈菌［Puccinia canaliculata（Schw.）Lagerh］的真菌除草剂用于玉米、花生、蔬菜等一些作物的田间防除莎草，防效90%～98%。

（4）其他微生物体农药

国外有15家公司进行昆虫病原线虫的商品化生产，日本登记了小卷蛾斯氏线虫（Steinernema carpocapsae）用于防治鳞翅目早熟禾结网毛虫（Parapediasia teterrella）、黏虫和象甲。利用微孢子虫防治害虫、杂草，美国已有产品问世。

（二）生物化学农药

1.动物源生物农药

将昆虫或其他动物产生的激素、毒素、信息素、几丁质提取出来或完全仿生合成的农药就是动物源生物化学农药。最常见的就是昆虫信息素，全世界现已合成昆虫信息素1000多种，已商品化的有280多种，节肢动物毒素，如蜘蛛和黄蜂的毒素也有很好的杀虫活性，昆虫几丁质对小麦纹枯病、花生叶斑病、烟草斑纹病等有较好的防效。

2.植物源生物农药

对害虫有拒食、内吸、毒杀、麻醉、忌避及一定生长抑制作用的植物提取物称为植物源杀虫剂，在国外，Grainge 和 Ahmed（1988）报道，约有2400种植物具有控制害虫的生物活性，生物碱类是植物中最毒的成分，对昆虫具有毒杀、拒食和抗生活性，烟碱、藜芦碱、乌头碱、尼鱼丁等很早就已经使用。萜烯类国外已经商品化的有印楝素。萘醌和黄酮类代表种类有胡桃醌、类鱼藤醌、鱼藤醌、苦参素等。甾类有Nic−1和Nic−2，光活化毒素和植物精油是植物源杀虫剂中两类独特的成分。光活化毒素在光照下对害虫的杀伤力成几倍甚至上千倍的提高，植物精油是一类分子量较小的植物次生代谢物质，主要分为萜烯类、芳香族类、脂肪族类和含氮含硫化合物，其中茴芹油、香茅油、桉树油、天竺葵油、茉莉油、柠檬油、橘油等已在美国商品化。

植物提取物对病原微生物有杀灭活性的称为植物杀菌剂，Wilkins等曾报道有1389种植物提取物具有杀菌活性，在国外已被利用的植物源杀菌剂有抗菌素、类黄酮、特异蛋白、有机酸、酚类化合物，以及诱导产生的抗菌活性物质Talenttm、Milsam等几种已商品化。

此外，植物源除草剂、植物源激素在国外也被广泛应用。黄花蒿素（artemisinin）是从黄花蒿中提取出来的一种半萜烯内酯类化合物，它是一种潜在的植物生长抑制剂。美国广泛应用从棉花根系分泌物中分离出的酯类物质独脚金盟素（Strigol）防除大豆、豌豆、棉花上的独脚金。

3.微生物源生化农药

农用抗生素制剂的研究和开发以日本发展最快，居世界领先。1982−1994年日本平均每年产生110个新抗生素专利，先后开发出了春日霉素、灭瘟素、多氧霉素、有效霉素等，年产量

4万～5万吨。美国对抗生素的研究水平也很高，投入生产的有Avermectin、Tylosin、Oleandomyclin等多个品种。德国、俄罗斯、意大利、印度、丹麦等国都已把农用抗生素的研究开发列入国家重点计划。阿维菌素是一种杀虫抗生素，世界年销售额在10亿美元以上，还有杀螨素、敌贝特、Verrucaloen等杀虫抗生素使用面积也较大。日本明治制果开发的双丙氨磷抗生素用于防除一年生和多年生禾本科杂草和阔叶杂草。Conmexistin、Antibiotis-SF2494、Antibiotis-6241B 也具有良好除草活性。

1987年，Barron等报道了一种真菌粗皮侧耳菌丝产生的毒素可击倒线虫，1992年，从粗皮侧耳中分离出一种杀线虫毒素Trans-z-ecenedioic acid。至今已发现90余种杀线虫的真菌毒素，如担子菌、子囊菌及活性代谢物。

三、我国生物农药的研究发展现状

（一）生物体农药

1.动物体农药

我国对天敌昆虫的研究还处于起步阶段，主要是针对寄生蜂、草蛉和瓢虫三大类，虽然在室内及田间试验取得了一定的效果，但目前尚未形成可行性的产品。

2.转基因植物

我国的农业基因工程研究开始于20世纪80年代末，在国家863计划的重点扶植下，取得了很好的成绩，目前研究的转基因植物达47种，并有6种已被批准进行商业化生产。研制成功的对鳞翅目害虫抗性达80%以上的转基因抗虫棉品种，是我国成为继美国之后第2个拥有该项技术自主知识产权的国家。截至2000年底，国内抗虫棉的示范面积达550多万亩。转基因抗病小麦对黄萎病、赤霉病、白粉病的防效很好。转抗菌肽基因的抗青枯病马铃薯对青枯病的抗性提高了1～3级。

3. 微生物体农药

（1）微生物杀虫剂

我国应用白僵菌防治松毛虫、大豆食心虫及玉米螟等害虫，效果良好，年使用面积达1000万亩以上。在我国登记的防治蜚蠊的绿僵菌制剂，块状虫霉制剂已经取得农药登记证。近年来，我国对定殖于大豆包囊线虫、蔬菜和烟草根结线虫及茶叶黑粉虱的虫生真菌的研究取得一定的进展，同时还引进了国外的蜡蚧轮枝菌防治温室白粉虱和蚜虫。

我国研究和应用Bt起步较晚，但发展较快。1965年我国第一座工业化生产Bt粉剂的车间在武汉建成。目前我国Bt制剂产量达2万～3万吨，Bt制剂的质量也提高到了3000～4000国际单位。我国发现了41个血清型50多个亚种，其中玉米螟亚种、云南亚种、山东亚种、武汉亚种等12个亚种为我国首先发现。我国还对Bt菌株进行基因改良，已克隆出具有自主知识产权的基因几十个，并有两株Bt工程菌进入中试阶段。1995年，我国成功研制出1.5万单位/毫克的高含量Bt可湿性粉剂，Bt杀虫晶体蛋白达7.5%，杀虫效果达到国外同类商品技术指标。

我国在病毒杀虫剂领域的研究取得了不错的成绩，已分离昆虫病毒250余种，并且已经成功开发出了十几种极具开发前景的病毒株系。1993年棉铃虫核多角体病毒杀虫剂取得登记，随后斜纹夜蛾多角体病毒、粘病毒、小菜蛾颗粒体病毒、苜蓿银纹夜蛾核多角体病毒也陆续登记注册，年使用面积达到上百万亩。甜菜夜蛾核多角体病毒、八字地老虎核多角体病毒、杉叶毒蛾核多角体病毒、灰菜尺蛾多角体病毒等正在研究。

（2）微生物杀菌剂

我国成功研制出了木霉菌制剂，并取得了农药登记，对蔬菜灰霉病具有很好的防效。此外，防治根结线虫的厚轮枝孢菌制剂也已登记注册，淡紫拟青霉制剂还在中试阶段。我国开发成功的细菌杀菌剂有亚宝（枯草芽孢杆菌）、力宝（假单孢菌）、增产菌（蜡质芽孢杆菌），地衣芽孢杆菌制剂、荧光假单孢制剂也已商品化。

（3）微生物除草剂

我国在20世纪60年代就利用炭疽菌开发出了微生物除草剂"鲁保一号"，防除大豆田的菟丝子，被推广到20多个省，防效稳定在80%以上。新疆分离并研制出镰刀菌除草剂，对埃及列当防治效果良好。

（4）其他微生物体农药

我国对昆虫病原线虫的研究只有20多年，目前已发现对蝗虫防治效果良好的线虫，但暂无产品上市。我国利用蝗虫微孢子虫控制草原蝗虫效果很好，极具市场前景。

（二）生物化学农药

1.动物源生物农药

我国在棉铃虫、棉红铃虫、梨小食心虫等性信息素类的分离鉴定、人工合成及田间应用方面，已取得了不错的成绩。此外，对报警信息素、聚集信息素和踪迹信息素也有一定的研究。

2. 植物源生物农药

我国是研究和应用杀虫植物最早的国家，近年来研究开发出来的印楝素、苦皮藤素、雷公藤皮素、胡椒素、尼西那素、番荔枝素、万寿菊素、海藻素等对昆虫都有很高的杀灭活性。目前，我国已经商品化的植物性杀虫剂有硫酸烟碱、印楝素乳油、川建素乳油、皂素烟碱可溶性乳剂、苦皮藤乳油（或粉剂）、鱼藤酮乳油、茴蒿素水剂和双素碱水剂等。植物源混合脂肪酸、小檗碱等植物杀菌剂在我国也已商品化。

3. 微生物源生化农药

我国农用抗生素的研究开始于20世纪50年代，70年代成功开发出井冈霉素，防治水稻纹枯病效果稳定在85%以上，使用面积达2亿多亩。90年代我国抗生素研究开发进入了一个发展高潮，杀虫抗生素先后开发出了浏阳霉素、华光霉素和阿维菌素，杀虫效果都很好，特别是阿维菌素，被迅速推广应用，年产量达上万吨。抗生素杀菌剂有中生菌素、宁南霉素等四种已临时登记，农抗120、春日霉素、公主岭素、武夷菌素、庆丰霉素也已经开发成功。抗生素除草剂有双丙氨磷已注册并投入生产。

四、生物农药研究的发展趋势及前景展望

（一）生物农药研究的发展趋势

随着人类对生存环境的保护意识不断增强、对化学农药自身缺点和生物农药优点的认识，人类越来越重视生物农药的开发和使用，各大农药公司和科研单位都投入大量人力物力以期开发高效、广谱、适应性强的生物农药和转基因植物。21世纪将是生物农药发展的重要时期。生物农药以其天然低毒、易分解无残留等特点获得市场青睐，但同时也以其见效慢、价格高和受环境制约等缺点而在应用上远远不及化学农药；转基因植物给人类带来了希望的同时也赋予了人类一个新的使命——生物安全性，这些都有待国内外科研工作者来突破。近年来他们在通过生物工程、发酵工程技术等筛选新生物农药、改造原有生物农药以及降低成本等方面取得了重大进展，并将朝着这些方面发展。

1.探索新的高效、广谱生物农药资源

大自然是一个生物宝库，也是一个巨大的优胜劣汰、自我调节的生态系统，种类繁多的各种生物都将可能成为生物农药。一方面我们要根据已知的生物农药资源来开发和筛选同属、同种、同小种、同专化型的其他一些未知生物，如苏云金杆菌的研究上，研究人员根据苏云金杆菌都能产生毒素和杀虫晶体的这一规律对它的其他亚种进行研究，目前已发现它的多个亚种有杀虫活性，且各亚种的杀虫谱都不尽相同，目前已发现70个血清型83个

亚种；芽孢杆菌属的其他种类如枯草芽孢杆菌和蜡质芽孢杆菌都有杀菌作用，能产生杀菌蛋白，它的其他种类都是生物农药的候选者。另一方面对一些未开发成生物农药物种进行研究。

2.利用生物技术改造现有的生物农药资源

（1）利用细胞融合技术和基因工程来提高微生物的发酵水平

对微生物来说，提高发酵水平是实现工业化的关键。利用细胞融合技术和基因工程来提高赤霉素、灭瘟素、井冈霉素、苏云金杆菌等的发酵单位，将其产量在不增加原料、设备的情况下加以提高。

（2）生物活性物质的结构改造及仿生合成

现代生物技术的飞速发展，使得我们可以完全利用遗传工程、基因工程、原生质体融合等方法对现有生物农药资源进行取长补短的改造。如目前生产应用的Bt菌剂存在杀虫谱窄、有效成分易分解等缺点。英美等国科学家研究发现Bt毒素蛋白有决定寄主范围和杀虫活性的两个功能区，不同的Bt之间前者氨基酸序列差别很大，而后者几乎相同，因此可以采用基因工程的方法，将不同亚种的毒蛋白基因拼接成杂合基因以扩大杀虫范围，或对原来的毒蛋白基因诱变重组以提高杀虫活性。防治水稻白叶枯病的杀枯定就是根据微生物产物人工合成的，此外还有很多植物毒素已被人工仿生合成出来，降低生产成本的同时，又提高了产品的质量。

3.筛选安全、高效、合理的生物农药剂型

农药的剂型以及助剂的添加对它能否最好地发挥功效非常重要，而见效慢、易受环境影响的生物农药就更加需要适合的剂型。加强对生物农药的物理化学特征和生理机制的研究，能有助于研制出高效、安全、合理的生物农药剂型；其次要加强生防生物与靶标生物之间的生态学关系的研究，如木霉菌与植物病原菌在土壤中争夺生活空间和营养源，木霉菌能在低浓度营养下存活，所以在木霉菌制剂中加入麸皮作为稀释剂为木霉菌提供营养载体，可提高其生长定殖能力，达到增效作用。

4.改进生产技术提高产品质量

生物农药特别是微生物农药的生产工序比较麻烦，培养基的配方、培养的温度、pH值、培养时间以及菌种的保存等方面都直接影响到生产出来的产品的质量，所以应当在这些方面进行不断的试验，以期获得更有效的产品。

（二）生物农药发展前景展望

综上所述，生物农药的发展面临着巨大的市场需求和企业、公司、政府巨资投入的机遇，但是市场上需要的是效果不逊色于化学农药、价格不高的生物农药，而目前的生物农药大多都达不到市场的要求，生物农药的发展同时面临着巨大的增效、增谱的挑战。相信在现代生物技术和其他先进科学技术的支持下，在政府和企业的重视下，人类将能更轻易地发现更多更好的生物农药资源，能更加有可能实现高效生物农药资源的改造和杀菌活性物质的重组及仿生，能更安全地应用转基因作物和复合工程菌株，这些都将为生物农药赶超甚至取代化学农药划上历史性的一笔，为自然环境的保护和人类自身的健康作出巨大贡献。人类利用生物农药来防治作物病虫害的潜力非常之大，预计将有更多像Bt、井冈霉素、阿维菌素、印楝素等一样的高效、广谱、药效稳定、不易产生抗药性的生物农药出现，全面应用无污染、无需人工施药的通过食品安全性检测的转基因植物也是可能的，防治病虫害将会是很轻松、低成本的事情，节约了资源，解放了劳动力，减少了农业生产的投入，增加了收益。但是这条道路还才刚开始，任重道远，保护环境是全世界的共同义务。各国应当发挥各自的资源优势、技术优势联合起来攻克一个个难关，资源共享，成果共享，避免重复研究的资金和精力浪费；政府和企事业单位应当紧密联系已取得的科研成果并转化成生产力；人们也应该提高对生物农药的认识、接受和配合新产品的开发和示范，这样才能加快生物农药取代化学农药之路，实现农业的健康、绿色、可持续发展，实现人类社会的可持续发展。

第三章 我国生物农药登记品种及其应用技术

全球生物农药发展方兴未艾，我国生物农药开发亦成绩斐然。根据生物类群，将生物农药分成植物源、动物源、微生物源3类；根据利用形式，将生物农药分成活体型、抗体型、载体型生物农药3类（系笔者率先采用此分类法）；根据防治对象，将生物农药分成杀菌剂、杀线虫剂、杀虫剂、杀螨剂、杀软体动物剂、除草剂、杀鼠剂、植物生长调节剂生物农药8类。本书收录已经获得我国农业部登记的生物农药品种及其使用技术，基本上囊括了自1982年我国实行农药登记制度以来获得登记的130多种生物农药，还列举了登记证号，便于读者查证，这些详细内容对从事生物农药研发和使用的人来说，大有裨益。

第一节 植物源/抗体型生物农药

一、植物源/抗体型生物农药•杀菌剂

1. 苦参碱

0.36%水剂，登记用于梨树，防治黑星病，稀释600～800倍液（使用浓度4.5～6毫克/千克），喷雾，登记证号：LS20090847。

已登记混剂如0.6%［0.15%+0.45%］苦参碱•小檗碱水剂、20%［0.15%+13.5%+6.35%］苦参碱•硫黄•氧化钙水剂，登记证号：LS2001201、LS98947。

2. 黄芩己

登记混剂如0.28% [0.16%+0.12%] 黄芩苷·黄酮水剂，登记用于苹果，防治腐烂病，稀释300～400倍液，喷雾。登记证号：LS98597、LS991962。混剂曾用商品名农丰灵、物星等。

3. 小檗碱

又名黄连素、檗基胜等。

0.5%水剂，登记用于番茄，防治灰霉病，亩用150～187.6毫升；用于番茄，防治叶霉病，亩用186.7～280毫升；用于黄瓜，防治白粉病、霜霉病，亩用166.7～250毫升；用于辣椒，防治疫霉病，亩用186.7～280毫升，登记证号：LS20061490。

已登记混剂如0.3% [0.23%+0.01%+0.06%] 黄酮·苦参碱·小檗碱水剂，登记用于草莓，防治灰霉病，亩用混剂1444～1889毫升，对水喷雾；登记用于番茄，防治早疫病，亩用混剂1889～2889毫升，对水喷雾，登记证号：LS20082941。

4. 丁子香酚

又名灰霜特等。

0.3%可溶液剂，登记用于番茄，防治灰霉病，亩用88.9～117.8毫升（登记证号：LS98408）或85.8～120毫升（登记证号：LS20052323）。

已登记混剂如2.1% [2%+0.1%] 丁子香酚·香芹酚水剂，登记用于番茄，防治灰霉病，亩用107～150毫升，登记证号：LS20011820。混剂曾用商品名菌毒顽除。

5. 香芹酚

已登记混剂如5%丙烯酸·香芹酚水剂，登记用于黄瓜，防治灰霉病，亩用制剂86～140毫升，喷雾；登记用于水稻，防治稻瘟病，亩用制剂116.7～175.1毫升，喷雾，登记证号：LS991448。又如2.1% [2%+0.1%] 丁子香酚·香芹酚水剂，登记用于番茄，防治灰霉病，亩用制剂107～150毫升，登记证号：

LS20011820。

6．儿茶素

1.1%可湿性粉剂，登记用于番茄，防治灰霉病，亩用制剂127.3～187.9克，喷雾；登记用于黄瓜，防治黑星病，亩用制剂187.9～375.8克，登记证号：LS20061445。

7．大蒜素

0.05%浓乳剂，登记用于黄瓜，防治白粉病，稀释50～100倍液，喷雾；登记用于枸杞，防治白粉病，使用浓度5～10毫克/千克，喷雾，登记证号：LS20040148。

8．大黄素甲醚

0.5%水剂，登记用于十字花科蔬菜，防治蚜虫，亩用制剂240～480毫升，喷雾，登记证号：LS20080240。

9．柠檬醛/柠檬烯/蒎烯

以山苍籽油副产品为主要原料，提取其中有效成分研制而成。

已登记产品如30%［10%+15%+5%］柠檬醛•烯乳剂，登记用于棉花，防治枯萎病、黄萎病，500～800克制剂/100千克棉种，闷种，登记证号：LS93587。

10．高脂膜

27%［25%+2%］乳剂，登记用于小麦，防治白粉病，亩用407.4毫升或500～1000毫升，喷雾；登记用于黄瓜，防治霜霉病，亩用500毫升或500～1000毫升，喷雾，备案号：Q/610500–G/T3 107–2001。

11．氨基寡糖素

0.5%水剂，登记用于番茄，防治晚疫病，亩用187.5～250毫升，喷雾；登记用于棉花，防治黄萎病，400倍液，喷雾；登记用于西瓜，防治枯萎病，400～600倍液，喷雾；登记用于烟草，防治花叶病毒病，400～600倍液，喷雾，登记证号：LS99463、LS20021143。

2%水剂，登记用于番茄，防治晚疫病，亩用50～60毫升，喷雾，登记证号：LS20001432。

12.葡聚寡糖素

2.8%水剂，登记用于大豆，防治病毒病，亩用120～150毫升，喷雾，登记证号：LS20001533。

13.菇类蛋白多糖

0.5%水剂，登记用于番茄，防治病毒病，亩用166～250毫升，喷雾，登记证号：LS95578、LS97721、LS97761。

14.混合脂肪酸

又名83增抗剂等。

10%水剂，登记用于烟草，防治花叶病毒，亩用600～1000毫升，喷雾，登记证号：LS93480。

二、植物源/抗体型生物农药•杀线虫剂

目前尚无品种获准登记。

三、植物源/抗体型生物农药•杀虫剂

1. 烟碱

10%烟碱乳油，登记用于棉花，防治蚜虫，亩用制剂50～70毫升，喷雾，登记证号：LS94692；登记用于菜豆，防治蚜虫，亩用制剂20～30毫升，喷雾，登记证号：LS20021148。

27.5%烟碱油酸盐乳油，登记用于棉花，防治蚜虫，亩用制剂72.7～145.5毫升，喷雾，登记证号：LS92422。

已登记混剂如1.1%苦参碱•烟碱水剂、1.1%百部碱•楝素•烟碱乳油、27%油茶皂素•烟碱可溶浓剂，登记证号：LS95707、LS91306。

2. 除虫菊素

5%乳油，登记用于十字花科蔬菜，防治蚜虫，亩用制剂

30～50毫升，喷雾，登记证号：LS20021769。

3. 鱼藤酮

2.5%乳油，登记用于叶菜，防治蚜虫，亩用制剂100毫升，喷雾，登记证号：PD91105-2。

4. 印楝素

0.3%、0.5%、0.6%、0.7%乳油。

（1）蔬菜

十字花科蔬菜（如甘蓝）：用于防治小菜蛾，亩用0.3%EC50～80毫升（折合2.25～3.6克有效成分）、60～90毫升（折合2.7～4.05克有效成分）、300～500毫升（折合13.5～22.5克有效成分），登记证号：PD20110078、LS20001678、PD20101580、PD20101938。也可亩用0.5%EC125～150毫升（折合9.375～11.25克有效成分），登记证号：LS20090098、PD20110360。也可亩用0.6%EC100～200毫升（折合9～18克有效成分），登记证号：LS20100139。也可亩用0.7%EC60～80毫升（折合6.3～8.4克有效成分），登记证号：LS20110147P。小菜蛾喜在夜间活动，应在清晨或傍晚施药，以利于提高防效。

十字花科蔬菜（如甘蓝）：用于防治斜纹夜蛾，亩用0.6%EC100～200毫升（折合9～18克有效成分），登记证号：LS20100139。

十字花科蔬菜（如甘蓝）：用于防治菜青虫，亩用0.3%EC90～140毫升（折合4.05～6.3克有效成分），登记证号：PD20102187。也可亩用0.7%EC40～60毫升（折合4.2～6.3克有效成分），登记证号：LS20110147。

（2）柑橘

用于防治潜叶蛾，用0.3%EC稀释400～600倍液（使用浓度5～7.5毫克/千克），喷雾，登记证号：PD20101580。

（3）茶叶

用于防治茶毛虫，亩用0.3%EC120～150毫升。登记证号：PD20101580。

（4）草原

用于防治蝗虫，亩用0.3%EC200～300毫升，登记证号：LS20001678。

（5）仓储

按每100千克谷物加入2～5千克印楝叶子粉，可防治多种仓储害虫。

已登记混剂如1%［0.4%+0.6%］苦参碱•印楝素乳油、1%［0.7%+0.3%］甲氨基阿维菌素•印楝素乳油、0.8%［0.5%+0.3%］阿维菌素•印楝素乳油、0.9%［0.6%+0.3%］阿维菌素•印楝素乳油。

5．苦皮藤素

0.23%乳油，登记用于十字花科蔬菜，防治小菜蛾，亩用69.6～87.0毫升，喷雾，登记证号：LS20001489。

6．楝素

0.5%乳油，登记用于甘蓝，防治菜青虫，亩用制剂50～100毫升，喷雾，登记证号：LS92379。

0.5%乳油，登记用于十字花科蔬菜，防治蚜虫，亩用制剂40～60毫升，喷雾：登记证号：LS98957。

已登记混剂如1.1%［0.3%+0.1%+0.7%］百部碱•楝素•烟碱乳油，登记证号：LS95707。

7．藜芦碱

0.5%醇溶液，登记用于棉花，防治棉铃虫、棉蚜，亩用制剂75～100毫升，喷雾；登记用于甘蓝，防治菜青虫，亩用制剂75～100毫升，喷雾，登记证号：LS93584。

0.5%可溶液剂，登记用于棉花，防治棉铃虫、棉蚜，亩用制剂75～100毫升，喷雾，登记证号：LS96331。

8. 苦参碱

0.38%、1.1%粉剂，0.3%、0.36%、0.38%可溶液剂，0.2%、0.26%、0.3%、0.36%、0.5%水剂，0.3%、0.38%、2.5%乳油，1%醇溶液。

0.26%水剂，登记用于十字花科蔬菜，防治菜青虫，亩用制剂80～100毫升，喷雾，登记证号：LS20021029。

1%醇溶液，登记用于甘蓝，防治菜青虫、菜蚜，亩用制剂50～120毫升，喷雾，登记证号：LS93614。

已登记混剂组合如1.2%［0.2%+1%］苦参碱•烟碱可溶液剂，登记证号：LS20060059。已登记混剂如0.2%苦参碱水剂+1.8%鱼藤酮乳油，登记证号：LS976210。

9. 氧化苦参碱

0.1%水剂，登记用于十字花科蔬菜，防治菜青虫，亩用制剂60～80毫升，喷雾，登记证号：LS99931。

已登记混剂如0.6%［0.4%+0.2%］补骨内酯氧化苦参碱水剂，登记证号：LS96394。

10. 辣椒碱

已登记混剂如9%［0.7%+8.3%］辣椒碱•烟碱微乳剂，登记用于十字花科蔬菜，防治菜青虫，亩用制剂40～60毫升，喷雾，登记证号：LS2001334。

11. 木烟碱

0.6%乳油，登记用于棉花，防治棉铃虫，亩用制剂83.3～100毫升，喷雾，登记证号：LS97893。

12. 苦豆子总碱

已登记混剂如16.1%［1.1%+15%］苦豆子总碱•辛硫磷乳油，13.6%［1.1%+12.5%］苦豆子总碱•火多威乳油，登记证号：LS20001305、LS20001196。

13.茴蒿素

0.65%水剂，登记用于苹果，防治尺蠖、蚜虫，使用浓度为13～15毫克/千克，喷雾；用于蔬菜（叶菜类），防治菜青虫、蚜虫，亩用制剂200～230.8毫升，登记证号：LS87327。

已登记混剂如0.88%茴蒿素·百部碱水剂，登记用于大白菜，防治蚜虫，亩用制剂113.6～147.7毫升，喷雾，登记证号：LS91412。

14.百部碱

已登记混剂如1.1%［0.3%+0.1%+0.7%］百部碱·楝素·烟碱乳油，登记证号：LS95707。

15.马钱子碱

已登记混剂如0.84%马钱子碱·烟碱水剂，登记用于十字花科蔬菜，防治菜青虫、蚜虫，亩用制剂40～60毫升，喷雾，登记证号：LS991432。

16.茶皂素

已登记混剂如27%［25%+2%］油茶皂素·烟碱可溶液剂，登记用于柑橘，防治柑橘全爪螨、柑橘始叶螨，使用浓度675～900毫克/千克；登记用于柑橘，防治介壳虫，使用浓度900～1350毫克/千克，登记证号：LS91306。

17.蛇床子素

0.4%乳油，登记用于茶树，防治茶尺蠖，亩用制剂100～120毫升；用于十字花科蔬菜，防治菜青虫，亩用制剂80～120毫升，防治蚜虫，亩用制剂25～50毫升；用于原粮，防治赤拟谷稻、谷蠹、玉米象，使用剂量为100克制剂/1000千克原粮，施用方法为拌粮。登记证号：LS20030490。

已登记混剂如1%蛇床子素8000IU/微升苏云金杆菌悬乳剂，登记证号：LS20061639。

18. 闹羊花素－Ⅲ

0.1%乳油，登记用于十字花科蔬菜，防治菜青虫，亩用制剂60～100毫升，喷雾，登记证号：LS20031731。

19. 莨菪烷类生物

又名莨菪烷碱（含东莨菪、山莨菪、山莨碧碱）等。

0.25%莨菪烷碱乳油，登记用于十字花科蔬菜，防治菜青虫，亩用制剂40～60毫升，喷雾，登记证号：LS991104。

已登记混剂如2.7%［1.7%+1%］莨菪碱·烟碱悬浮剂，登记用于棉花，防治棉铃虫，亩用制剂150～200毫升，喷雾，登记证号：LS991258。

20. 桉油精

又名桉叶油素、桉叶素、桉树脑、桉树醇、桉叶油等。

5%可溶液剂，登记用于十字花科蔬菜，防治蚜虫，亩用制剂70～100毫升，喷雾，登记证号：LS20040632。已登记混剂如1.33%桉叶油素·富右旋反式胺菊酯（蚊菌清）杀虫气雾剂，登记用于卫生上，防治蚊子，喷雾，登记证号：WL99758。

21. 新狼毒素A

又名狼毒素等。

1.6%水乳剂，登记用于十字花科蔬菜，防治菜青虫，亩用制剂50～100毫升，喷雾，登记证号：LS20053043。

22. 血根碱（博落回生物总碱）

1%可湿性粉剂，登记用于菜豆，防治蚜虫，亩用制剂30～50克。用于梨树，防治梨木虱，使用浓度为4～5毫克/升；用于苹果，防治蚜虫，使用浓度为4～5毫克/千克，防治二斑叶螨，使用浓度为4～6.67毫克/千克；用于十字花科蔬菜，防治菜青虫，亩用制剂30～50毫升，登记证号：LS20030416。

23. 八角茴香油

已登记混剂如0.012%［0.018%+0.024%］八角茴香油·溴

氰菊酯微粒剂，登记用于仓储原粮，防治仓储害虫，使用量为1～1.5：1000（药：粮），施用方法为分层均匀撒施，登记证号：PD20080520。

24.藻酸丙二醇酯

又名美加农等。

0.12%可溶液剂，登记用于番茄，防治白粉虱，亩用制剂333.3～500毫升，喷雾，登记证号：20060169。

25.樟脑

94%防蛀片剂，登记用于卫生，防治黑毛皮蠹，施用方法为投放，登记证号：WL20060174。

26.油酸

已登记混剂如15%烟碱•油酸（又称蓖•烟）乳油、27%辛硫磷•烟碱•油酸（又称辛•烟•油酸）乳油，登记证号：LS95306、LS2001543。

27.鱼尼丁

20%氯虫苯甲酰胺，亩用量10毫升，防治鳞翅目、甲虫、粉虱等，登记证号：500008-45-7。

28.异羊角拗苷

以研究为主，暂无登记厂家。

29.补骨内酯

又名补骨脂等。

已登记混剂如0.6%［0.4%+0.2%］补骨内酯•氧化苦参碱水剂，登记证号：LS96394。

30.酮已

登记混剂如18%酮•杀虫双水剂，登记用于水稻，防治三化螟，亩用150～250毫升，喷雾，登记证号：LS96396。

31.地中海实蝇引诱剂

95%诱芯，专供检验检疫用，防治地中海实蝇，检测区内挂

14个/千米^2，放置于专用诱捕器，登记证号：PD20101335。

四、植物源/抗体型生物农药·杀螨剂

已登记产品不多，例如苦参碱。

0.2%水剂，登记用于苹果，防治红蜘蛛，亩用制剂250～750毫升，喷雾，登记证号：LS991724。

五、植物源/抗体型生物农药·杀软体动物剂

已登记产品不多，例如螺枯威。

螺枯威（又名茶皂甙）是从山茶科植物的种子中提取的一种糖式化合物，它属皂素类，是一种天然非离子型表面活性剂。科研人员从我国资源丰富的廉价茶籽饼中，成功分离提取出了一种具有良好杀螺活性的五环三萜类生物碱，并运用物理、化学和生物学技术进行综合处理和化学结构重排，研制成这种新型植物杀螺剂，并攻克了与中药现代化类似的提纯和全分析等多道难关，其核心技术已获得国家发明专利。专家评论认为，这种杀螺粉剂具有高效、低毒、廉价、环保和使用方便的特点，还具有杀灭福寿螺、非洲大蜗牛等有害贝类的良好效果。

六、植物源/抗体型生物农药·除草剂

目前尚无品种获准登记。

七、植物源/抗体型生物农药·杀鼠剂

1. 莪术醇

又名莪黄醇、姜黄醇、姜黄环氧醇等。

0.2%饵剂，登记用于农田，防治田鼠，亩用饵剂333.3克；用于森林，防治害鼠，亩用饵剂333.3克，登记证号：PD20101276。

2. 雷公藤内酯醇

又名奥旺等。

0.25毫克/千克颗粒剂，登记用于农田，防治田鼠，用药量为饱和投饵，施用方法为投饵，登记证号：LS20051278。

3. 雷公藤甲素

0.25毫克/千克颗粒剂，登记用于农田，防治田鼠，用药量为饱和投饵，施用方法为投饵，登记证号：PD20090004。

八、植物源/抗体型生物农药·植物生长调节剂

1. 芸薹素内酯

0.2%可溶粉剂，登记用于水稻，调节生长，使用浓度0.025～0.1毫克/千克，登记证号：LS91324。

2. 羟烯腺嘌呤

0.0001%可湿性粉剂，登记用于玉米、水稻，调节生长，0.0017毫克/千克喷雾或100～150倍液浸种；登记用于大豆，调节生长，0.0017毫克/千克喷雾，登记证号：PD20081298。

已登记混剂如0.0004%［0.00035%+0.00005%］羟烯腺嘌呤·腺嘌呤可溶粉剂、40%［0.00004%+40%］羟烯腺嘌呤·盐酸吗啉胍可湿性粉剂。

3. 黄酮

已登记混剂如1.24%黄酮·甲哌鎓水剂，登记证号：LS992015；0.28%黄芩苷·黄酮水剂，登记证号：LS98597、LS991962。

4. 腐植酸

已登记粉剂，腐植酸≥4.0%，登记证号：准字4102号；腐植酸≥3.0%，登记证号：准字4099号。水剂，腐植酸≥30g/L，登记证号：准字4096号；腐植酸≥40g/L，登记证号：准字4124号。

5．核苷酸

0.05%水剂，登记用于黄瓜（保护地），调节生长、增产，400～600倍液，喷雾；登记用于棉花，防治黄萎病，喷雾；登记用于辣椒，防治疫病，喷雾，登记证号：LS96379、LS99469、LS991689。已登记混剂如15%腐殖酸•核苷酸水剂，登记证号：准字2470。

第二节 植物源/载体型生物农药

目前植物抗虫转基因研究中最常用的抗虫基因有来源于细菌的Bt杀虫晶体蛋白基因和来源于植物的蛋白酶抑制剂基因、植物凝聚素基因。1983年第一株转基因植物——转基因烟草构建成功。

第三节 动物源/活体型生物农药

活体型生物农药指自然界存在的或被遗传修饰的，将防治有害生物和调节植物生长的动物、植物、微生物活体制成的农药。活体型生物农药指商业化的（除微生物农药以外）具有防治《农药管理条例》第二条所述的病、虫、草等有害生物的生物活体。

天敌，天然的敌人。在自然界中，一种动物捕食或危害另一种生物，前者就是后者的天敌，例如猫是鼠的天敌。农业有害生物的天敌主要是昆虫（人们称之为天敌昆虫，如赤眼蜂），也有螨类（人们称之为天敌螨类，如巴氏钝螨）。有时则未加以区分，笼统地称作天敌昆虫。我国具有极其丰富的天敌昆虫资源，据1998年统计，6大作物上的天敌昆虫共有11目、96科、1349种，其中膜翅目、鞘翅目占70%以上。

1.松毛虫赤眼蜂

1000粒卵/卡，卡片，登记用于林业苗圃，防治松毛虫，亩用25000～50000粒卵，施用方法为挂蜂卡放蜂，登记证号：LS20100125。

已登记混剂如1500头/每卡•1亿个PIB/每卡“松毛虫赤眼蜂•松毛虫质型多角体病毒”病毒杀虫卡，登记用于松树，防治松毛虫，亩用7500头+5亿PIB至15000+10亿PIB，登记证号：LS20091451。据介绍，“松质•赤眼蜂”杀虫卡是由中科院武汉病毒所结合多年利用病毒治虫的经验发明的。它是利用“卵寄生蜂传递病毒防治害虫”方法，将松毛虫赤眼蜂和松毛虫质多角体病毒结合，使初孵幼虫染病，在害虫种群内诱发流行病，达到控制害虫的目的。具体加工工艺为：利用柞蚕卵作为松毛虫赤眼蜂的替代宿主繁育赤眼蜂，将已寄生松毛虫赤眼蜂的柞蚕卵制作成卵卡，应用超低容量喷雾设备将松毛虫质多角体病毒均匀喷洒在卵卡表面。在松毛虫成虫羽化高峰期，直接将松质•赤眼蜂杀虫卡，按5～7枚/亩挂在树枝上即可。该杀虫卡结合赤眼蜂和病毒的双重优点，通过赤眼蜂将病毒带入靶标，使初孵幼虫罹病，导致二次感染，诱发病毒流行病，有效控制害虫。

2.平腹小蜂

500粒卵/卡，卡片，荔枝、龙眼，荔枝蝽象，300～500例寄生卵/株/次，放蜂2次，挂蜂卡放蜂，登记证号：LS20100126。

第四节 动物源/抗体型生物农药

一、动物源/抗体型生物农药•杀菌剂

已登记产品不多，例如几丁聚糖。又名甲壳素、海力源等。

0.5%水剂，小麦，调节生长、增产，300～500毫克/千克，拌种，登记证号：LS2001737。

0.5%水剂，黄瓜，霜霉病，亩用100～166.7毫升，喷雾；黄瓜，白粉病，100～500倍液，喷雾；番茄，病毒病，亩用100～166.7毫升，喷雾，登记证号：LS20090388。

0.5%悬浮种衣剂，玉米，调节生长、增产，1：30～40（药种比），种子包衣，登记证号：LS20110163。

2%水剂，番茄，晚疫病，亩用100～150毫升，喷雾，登记证号：LS20030670。

已登记混剂如46%［1%+45%］几丁聚糖•咪鲜胺水乳剂、45%［2%+43%］几丁聚糖•戊唑醇悬浮剂，登记证号：LS20110340、 LS20120053。

二、动物源/抗体型生物农药•杀虫剂

已登记产品不多，例如斑蝥素。

0.01水剂，登记用于十字花科蔬菜，防治菜青虫，亩用制剂2000～2500毫升，喷雾，登记证号：LS20061116。

三、动物源/抗体型生物农药•植物生长调节剂

已登记产品不多，例如几丁聚糖、甲壳素、海力源。

0.5%水剂，小麦，调节生长、增产，300～500毫克/千克，拌种，登记证号：LS2001737。

0.5%水剂，黄瓜，霜霉病，亩用100～166.7毫升，喷雾；

黄瓜，白粉病，100～500倍液，喷雾；番茄，病毒病，亩用100～166.7毫升，喷雾，登记证号：LS20090388。

0.5%悬浮种衣剂，玉米，调节生长、增产，1∶30～40（药种比），种子包衣，登记证号：LS20110163。

2%水剂，番茄，晚疫病，亩用100～150毫升，喷雾，登记证号：LS20030670。

已登记混剂如46%［1%+45%］几丁聚糖•咪鲜胺水乳剂、45%［2%+43%］几丁聚糖•戊唑醇悬浮剂，登记证号：LS20110340、LS20120053。

第五节　微生物源/活体型生物农药

微生物源/活体型生物农药指自然界存在的或被遗传修饰的，用于防治有害生物和调节植物生长的真菌、放线菌、细菌、病毒、线虫、原生动物等活体微生物的制剂。

一、微生物源（真菌）/活体型生物农药•杀菌剂+杀线虫剂+杀虫剂+除草剂

（一）杀菌剂

1. 木霉菌

又名快杀菌、特立克、康吉等。

已登记产品逾3个。1亿活孢子/克木霉菌水分散粒剂，登记用于小麦，防治纹枯病，使用剂量为制剂166.7～333.3克/100千克种子，拌种，或者亩用制剂50～100克，顺垄灌根2次，登记证号：LS20031264。1.5亿活孢子/克木霉菌可湿性粉剂，登记用于大白菜、黄瓜，防治霜霉病，亩用制剂200～300克，喷雾，登记

证号：LS94694。2亿活孢子/克木霉菌可湿性粉剂，登记用于黄瓜，防治黄瓜灰霉病，亩用制剂125～250克，喷雾，登记证号：LS97348。

2. 哈茨木霉菌

3亿CFU/克可湿性粉剂，登记用于番茄，防治猝倒病、立枯病，使用量为4～6克/米^2，苗前灌根；登记用于观赏百合（温室），防治根腐病，每升水使用量为60～70克制剂，种球浸泡，登记证号：LS20110181。

3. 寡雄腐霉菌

100万孢子/克可湿性粉剂，登记用于番茄，防治晚疫病，亩用制剂6.7～20克，喷雾，登记证号：LS20091213。

（二）杀线虫剂

1. 厚孢轮枝菌

又名线虫必克等。

2.5亿个孢子/克厚孢轮枝菌微粒剂，登记用于烟草，防治根结线虫，亩用制剂1500～2000克，穴施，登记证号：LS20011547。

2. 淡紫拟青霉

又名线虫清、线服根爽等。

2亿孢子/克淡紫拟青霉菌粉剂，登记用于番茄，防治线虫，亩用制剂1500～2000克，穴施，登记证号：LS20031820。

（三）杀虫剂

世界上报道大约有56属750种真菌可侵染陆生及水生节肢动物，寄生于昆虫上的病原真菌有530多种，它们分属于鞭毛菌亚门、接合菌亚门、子囊菌亚门、担子菌亚门、半知菌亚门。目前应用最广泛的真菌是白僵菌，该菌寄生的虫种达15目、149科、521属、707种，还可以寄生13种螨类。我国白僵菌制剂的生产一直以来以自办小厂为主体，大多自产自用。截至2004年底，获准农业部登记的品种有3种，产品有4个。

1．金龟子绿僵菌

又名绿僵菌、克洛卡、百澳克等。

25亿孢子/克可湿性粉剂，登记用于滩涂，防治蝗虫，用药量为1500亿～2000亿孢子/亩，喷雾；登记用于椰树，防治椰心叶甲，用药量为375亿～500亿孢子/株，喷雾，登记证号：LS20110306。

100亿活孢子/毫升绿僵菌油悬浮剂，登记用于滩涂，防治飞蝗，亩用制剂16.7～33.3毫升，超低容量喷雾，登记证号：LS20040015。

100亿孢子/克可湿性粉剂，登记用于草地，防治蝗虫，亩用制剂20～30克，喷雾，登记证号：LS20100048。

2．球孢白僵菌

2亿孢子/厘米^{2}挂条，登记用于马尾松，防治松褐天牛，登记证号：LS20061306。

2亿孢子/厘米^{2}挂条，登记用于马尾松，防治松褐天牛，用药量为2～3条/15株，施用方法为缠绕挂条，登记证号：LS20100063。

150亿个孢子/克可湿性粉剂，登记用于马尾松，防治松毛虫，亩用制剂200～260克，喷雾；登记用于花生，防治蛴螬，250～300克，拌毒土撒施，登记证号：PD20102133。

300亿孢子/克可分散油悬浮剂，登记用于水稻，防治稻纵卷叶螟，亩用制剂500～700毫升，喷雾，登记证号：PD20120147。

400亿/克可湿性粉剂，登记用于马尾松，防治松毛虫，亩用制剂66.7克，喷雾，登记证号：LS20061305。

400亿个孢子/克可湿性粉剂，登记用于竹子，防治竹蝗，1500～2500倍液，喷雾；登记用于林木，防治光肩星天牛，1500～2500倍液，喷雾（防治成虫）或者产卵（排泄孔）注射

（防治幼虫）；登记用于林木，防治美国白蛾，1500～2500倍液，喷雾；登记用于杨树，防治杨小舟蛾，1500～2500倍液，喷雾；登记用于马尾松，防治松毛虫，亩用制剂80～100克，喷雾，登记证号：PD20102134。

400亿个孢子/克水分散粒剂，登记用于小白菜，防治小菜蛾，亩用制剂26～35克，喷雾；登记用于水稻，防治稻纵卷叶螟，亩用制剂26～35克，喷雾，登记证号：PD20110965。

400亿个孢子/克可湿性粉剂，登记用于竹子，防治竹蝗，1500～2500倍液，喷雾；登记用于林木，防治光肩星天牛，1500～2500倍液，喷雾（防治成虫），产卵孔（排泄孔）注射（防治幼虫）；登记用于林木，防治美国白蛾，1500～2500倍液，喷雾；登记用于杨树，防治杨小舟蛾，1500～2500倍液，喷雾，登记证号：PD20111249。

3．耳霉菌

又名块状耳霉菌等。

200万个/毫升耳霉菌悬浮剂，登记用于小麦，防治蚜虫，亩用制剂150～200克，喷雾，登记证号：LS991406。

4．假丝酵母

20%饵剂，专供检验检疫用，防治地中海实蝇，50倍液，放在特定的诱捕器中，登记证号：PD20101331。

（四）除草剂

已登记产品不多，例如胶孢炭疽菌（Colletotrichum gloesooriodes Penz.）。鲁保一号是山东省农科院植保所于20世纪60年代首先从大豆田中寄生性杂草菟丝子上分离得到的一种毛盘孢菌属炭疽菌。本品属于活体微生物除草剂。胶孢炭疽菌为毛盘孢属炭疽菌。喷洒10天后菟丝子死亡率达50%，15天后可达90%以上。70年代曾在20多个省推广应用1000多万亩，防效达85%以上。施用期间要有阴天高湿（90%以上）条件，以利于菌孢子体发芽、存活、入侵危害。由于菌种退化严重，目前几乎不用。

二、微生物源（放线菌）/活体型生物农药·杀菌剂

放线菌在农药领域中应用最多的是链霉菌及其变种，但主要是利用其代谢产物（多种农用抗生素均由放线菌产生）而不是其活体。也可利用放线菌对病原微生物的颉颃作用制成活体抗生菌制剂应用，例如我国开发的“5406”抗生菌为泾阳链霉菌，对黄萎病、枯萎病、立枯病、猝倒病等多种病害有很好的防效，且可促进作物生长。此外湖北省农科所研究开发的“878”也是放线菌活体抗生菌制剂，菌种命名为黄褐色球孢放线菌。

三、微生物源（细菌）/活体型生物农药·杀菌剂+杀虫剂+杀鼠剂+植物生长调节剂

自1986年第一个产品100亿活芽孢/克苏云金杆菌可湿性粉剂登记以来（登记证号：PD86109），已先后有10多种细菌活体微生物农药登记入市，共登记单剂产品逾130个。

放射土壤杆菌200万CFU/克湿粉，登记用于桃树，防治根癌病，登记证号：LS2000574。

蜡质芽孢杆菌8亿个/克可湿性粉剂，登记用于姜，防治瘟病，使用量为240～320克制剂/100千克种姜，浸泡种姜30分钟或亩用制剂400～800克，顺垄灌根，登记证号：LS20031261、PD20094534。

蜡质芽孢杆菌（增产菌）300亿/克可湿性粉剂，登记用于油菜，壮苗、抗病、增产，15～20克药粉/千克种子，拌种，或者亩用制剂100～150克，幼苗及抽薹时叶面喷雾，登记证号：LS93527。

地衣芽孢杆菌1000IU/毫升水剂，登记用于黄瓜，防治霜霉病，亩用制剂350～700毫升，喷雾；登记用于烟草，防治黑

胫病、赤星病，亩用制剂350～700毫升，喷雾，登记证号：LS97342。80亿个/毫升水剂，登记用于西瓜，防治枯萎病，500～750倍液，灌根，登记证号：LS20091231。

球形芽孢杆菌80ITU/毫克杀蚊幼虫悬浮剂，登记用于卫生，防治孑孓，使用量为3毫升/米^2，喷洒，登记证号：WL2001182。

球形芽孢杆菌（2362菌株）268ITU/毫克杀蚊幼虫悬浮剂，登记用于卫生，防治蚊（幼虫），使用量为8～16毫升制剂/平方米水面，喷洒，登记证号：WL200111。

芽孢杆菌10亿/克可湿性粉剂，登记用于望七，防治根腐病，亩用制剂150～200克，喷雾；登记用于水稻，防治纹枯病，亩用制剂75～100克，喷雾；登记用于烟草，防治黑胫病，亩用制剂100～125克，喷雾；登记用于辣椒，防治枯萎病，亩用制剂200～300克，灌根，登记证号：LS2001821。

苏云金杆菌（以色列亚种）600ITU/毫克杀蚊幼虫悬浮剂，登记用于卫生，防治蚊（幼虫），2～5毫升制剂/米^{2}水面，喷洒，登记证号：WL200110。

枯草芽孢杆菌1000亿个/克可湿性粉剂，登记用于草莓，防治白粉病，亩用制剂40～60克，喷雾；登记用于草莓，防治灰霉病，亩用制剂32～48克，喷雾；登记用于黄瓜，防治白粉病，亩用制剂56～84克，喷雾，登记证号：LS20040565。200亿孢子/克可湿性粉剂，登记用于黄瓜，防治白粉病，亩用制剂90～150克，喷雾，登记证号：LS20090804。

10000个/毫升悬浮种衣剂，登记用于水稻，调节生长、增产，1∶40（药种比），种子包衣，登记证号：LS99952。

多粘类芽孢杆菌0.1亿CFU/克细粒剂，登记用于番茄、辣椒、茄子，防治青枯病，300倍液浸种、0.3克/米^{2}苗床泼浇或亩用制剂1050～1400克灌根；登记用于烟草，防治青枯病，300倍液浸种、0.3克/米^{2}苗床泼浇或亩用制剂1250～1700克灌根，登记证号：LS20040563。10亿CFU/克可湿性粉剂，登记用于番茄，防治青枯病，100倍液浸种、3000倍液泼浇或亩用制剂440～680克灌根；登记用于黄瓜，防治角斑病，亩用制剂100～200克，喷雾；登记用于西瓜，防治枯萎病，100倍液浸种、3000倍液泼浇或亩用制剂440～680克灌根；登记用于西瓜，防治炭疽病，亩用制剂100～200克，喷雾，登记证号：LS20110203。

荧光假单孢杆菌5亿个活芽孢/可湿性粉剂，登记用于小麦，防治全蚀病，1000～1500克制剂/100千克种子拌种或亩用制剂100～150克灌根2次，登记证号：LS981287。3000亿个/克粉剂，登记用于番茄，防治青枯病，亩用制剂437.5～550克，浸种+泼浇+灌根；登记用于烟草，防治青枯病，亩用制剂512.5～662.5克，浸种+泼浇+灌根，登记证号：LS20031369、PD20090002。

类产碱假单孢菌已登记混剂如200亿个活菌/毫升类苏悬乳剂，登记用于草场牧草，防治草地蝗虫，登记证号：LS9799。

短稳杆菌100亿孢子/毫升悬浮剂，登记用于十字花科蔬菜，防治小菜蛾、斜纹夜蛾，800～1000倍液，喷雾，登记证号：LS20100031。

下面介绍苏云金杆菌的使用技术。

主要用于防治翅目害虫的幼虫。对低龄幼虫防效好。2000IU/微升、4000IU/微升、8000IU/微升、100亿活芽孢/毫升悬浮剂，4000IU/毫克、0.2%颗粒剂，4000IU/毫克粉剂，7300IU/微升悬乳剂，8000IU/微升悬浮剂，8000IU/毫克、16000IU/毫克、32000IU/毫克、100亿活芽孢/克、3.2%可湿性粉剂，15000IU/毫克、16000IU/毫克水分散粒剂。

对于可湿性粉剂，早前标注为100亿活芽孢/克（参《农药登记公告1993》中PD86109），后来多数标注为8000IU/毫克可湿性粉剂，少数标注为16000IU/毫克可湿性粉剂或100亿活芽孢/克可湿性粉剂，其登记作物、防治对象、用药量、施用方法等完全相同。

与化学农药混用，已登记预混剂如55%[54%+1%]杀虫单•苏云金杆菌WP、3.6%[1.6%+2%]虫酰肼•苏云金杆菌WP。已登记桶混剂如18%杀虫双AS+4000IU/微升苏云金杆菌SC桶混剂。

与生物农药混用，已登记混剂如1.5%［0.1%+1.4%］阿维菌素•苏云金杆菌WP、2%［0.4%+1.6%］多杀霉素•苏云金杆菌SC、1万PIB/毫克菜青虫颗粒体病毒•16000IU/微升苏云金杆菌WP。施用时期一般比使用化学农药提前2～3天。30℃以上施药防效最好。不能与内吸性有机磷杀虫剂或杀菌剂混用。

四、微生物源（病毒）/活体型生物农药•杀虫剂+杀鼠剂

目前农药领域开发利用的病毒仅限于昆虫病毒（以昆虫为寄主的病毒）。据马蒂诺尼1986年统计，世界上已发现的昆虫（包括部分蜱螨）病毒总数约1690种，分属11个科和1个类群。昆虫病毒现只作为杀虫剂（称昆虫病毒杀虫剂）、杀鼠剂。

自1993年12月15日第一个病毒生物农药产品10亿/克棉铃虫核型多角体病毒可湿性粉剂登记以来（登记证号：LS93619），已先后有10多种病毒•活体微生物农药剂登记入市，其中核型多角体病毒8种，质核型多角体病毒1种，颗粒体病毒2种。蟑螂病毒、黏虫核型多角体病毒、棉铃虫核型多角体病毒、斜纹夜蛾核型多角体病毒、苜蓿银纹夜蛾核型多角体病毒、小菜蛾颗粒体、病毒肠炎沙门氏菌阴性赖氨酸丹尼氏变体，6a噬菌体等病毒才有单剂登记，另外的病毒只出现在混剂中。

1.蟑螂病毒

1%蟑螂病毒（生物杀蟑饵剂）登记用于卫生，防治蜚蠊，施用方法为投放，登记证号：WL99920。

2.黏虫核型多角体病毒

已登记混剂如1000PIB/毫克•16000IU/毫克黏虫核型多角体病毒•苏云金杆菌可湿性粉剂，登记证号：LS94832。

3.棉铃虫核型多角体病毒

10亿PIB/克可湿性粉剂，登记用于棉花，防治棉铃虫，每亩次用12000亿～15000亿PIB，喷雾，登记证号：LS93619。

4.茶尺蠖核型多角体病毒

已登记混剂如1千万PIB/毫升•2000IU/毫升茶尺蠖核型多角体病毒•苏云金杆菌悬浮剂，登记证号：LS20020579。

5.茶毛虫核型多角体病毒

已登记混剂如1万PIB/微升•2000IU/微升茶毛虫核型多角体病毒•苏云金杆菌悬浮剂，登记证号：LS20110214。

6.油桐尺蠖核型多角体病毒

已登记混剂如2000IU/微升至0.1亿个PIB/微升苏云金杆菌•油桐尺蠖核型多角体病毒悬浮剂，登记证号：LS20140263。

7.甜菜夜蛾核型多角体病毒

已登记混剂如1万PIB/毫克•16000IU/毫克甜菜夜蛾核型多角体病毒•苏云金杆菌可湿性粉剂，登记证号：LS20001556。

8.斜纹夜蛾核型多角体病毒

10亿PIB/克斜纹夜蛾核型多角体病毒可湿性粉剂，登记用于十字花科蔬菜，防治斜纹夜蛾，亩用400亿～500亿PIB，登记证号：LS98637。已登记混剂如1千万PIB/克•0.6%•1千万PIB/克苜蓿银纹夜蛾核型多角体病毒•苏云金杆菌•斜纹夜蛾核型多角体病毒水剂，登记证号：LS20011729。

9.甘蓝夜蛾核型多角体病毒

20亿PIB/毫升甘蓝夜蛾核型多角体病毒悬浮剂，登记用于甘蓝，防治小菜蛾，亩用90～120毫升，喷雾，登记证号：LS20110165。

10. 苜蓿银纹夜蛾核型多角体病毒

10亿PIB/毫升苜蓿银纹夜蛾核型多角体病毒悬浮剂，登记用于十字花科蔬菜，防治甜菜夜蛾，亩用制剂100IU/50毫升，登记证号：LS981572。已登记混剂如1千万PIB/毫升·2000IU/微升苜蓿银纹夜蛾核型多角体病毒·苏云金杆菌悬浮剂，登记证号：LS2001712。

11. 草原毛虫核多角体病毒

已登记混剂如200亿个活菌/毫升草原毛虫核多角体病毒·苏云金杆菌悬浮剂，暂无正式登记。

12. 松毛虫质型多角体病毒

已登记混剂如1万PIB/毫克·16000IU/毫克松毛虫质型多角体病毒·苏云金杆菌可湿性粉剂，登记证号：LS20011183。

13. 菜青虫颗粒体病毒

已登记混剂如1亿PIB/克·16000IU/毫克菜青虫颗粒体病毒·苏云金杆菌可湿性粉剂，登记证号：LS20011367。又如1万PIB/毫克·16000IU/毫克菜青虫颗粒体病毒·苏云金杆菌可湿性粉剂、1千万PIB/毫升·2000IU/微升菜青虫颗粒体病毒·苏云金杆菌悬浮剂，登记证号：LS2000674、LS2001321。

14. 小菜蛾颗粒体病毒

40亿PIB/克小菜蛾颗粒体病毒可湿性粉剂，登记用于十字花科蔬菜，防治小菜蛾，亩用制剂150～200克，喷雾，登记证号：LS97959。已登记混剂如1亿PIB/克·1.9%小菜蛾颗粒体病毒·苏云金杆菌可湿性粉剂，登记证号：LS20011367。

15. 肠炎沙门氏菌阴性赖氨酸丹尼氏变体，6a噬菌体

1.25%饵剂，登记用于草原，防治黄胸鼠、大足鼠、布氏田鼠、高原鼠兔，使用剂量为制剂5～6克/洞，施用方法为饱和投饵，登记证号：LS200159。

五、微生物源（线虫）／活体型生物农药·杀虫剂

早在12世纪人们就已经知道了昆虫病原线虫的存在，但第一个有关线虫寄生昆虫的报道是在18世纪中期。昆虫病原虫线虫分属于5个总科。目前国内尚无产品登记。

六、微生物源（原生动物）／活体型生物农药·杀虫剂

原生动物中有许多昆虫病原物，大部分集中在真孢子虫纲、微孢子虫纲，寄生昆虫的微孢子虫在200种以上，国际上研究较多的有蝗虫微孢子虫、玉米螟微孢子虫等。1986年中国农业大学从美国引进蝗虫微孢子虫防治草原蝗虫，可使亚洲小车蝗、宽须蚁蝗、白边痂蝗、皱膝蝗等感病，既能在短时间内迅速压低虫口密度，又能引起流行病，达到长期控制种群的目的。

近年，我国先后发现了斜纹夜蛾微孢子虫、甜菜夜蛾微孢子虫和寄生于棉铃虫的一种微孢子虫，为我国昆虫微孢子虫的研究与应用注入了新的活力。

第六节 微生物源／抗体型生物农药

一、微生物源／抗体型生物农药·杀菌剂

1. 长川霉素

1%水剂，登记用于番茄，防治灰霉病，亩用1%水剂500～750毫升，喷雾，登记证号：LS20041957。

2. 春雷霉素

［农药名称］加收米、春日霉素。

［产素生物］我国生产的春雷霉素的产素生物为小金色放线菌（Actinomycetes microaurous），日本生产的春雷毒素称为春

日毒素，产素生物为放线菌（Sterptomyces kasugaensis)。

[产品特点] 本品经微生物发酵获得有较强的内吸性，具预防、治疗作用，其治疗效果更为显著，渗透性强，并能在作物体内移动。各地试验结果表明，瓜类喷施2%液剂后叶色浓绿并能延长采收期。

[适用范围] 水稻、高粱、番茄、黄瓜等。

[防除对象] 真菌、细菌。

[产品规格] 0.4%粉剂，2%液剂，2%水剂，2%、4%、6%可湿性粉剂，首家登记证号：PD85164。

[单用技术]

(1) 水稻 很多产品登记用于水稻防治稻瘟病，部分产品的登记用量见下表。

肥料种类	有效成分	化学式	含量
铁肥（Fe）	硫酸亚铁	$FeSO_4 \cdot 7H_2O$	Fe≥19%～20%
	硫酸亚铁铵	$(NH_4)\ 2FeSO_4 \cdot 6H_2O$	Fe≥14%
	螯合态铁	NaFeEDTA	Fe≥5%～14%
硼肥（B）	硼酸	H_3BO_3	B≥17.5%
	硼砂	$Na_2B4O_7 \cdot 10H_2O$	B≥17.5%
	硼泥	含P、Mg、Ca等	B≥0.5%～2.0%
	含硼玻璃肥料		B≥2%～6%
	硼酸	H_3BO_3	B≥17.5%
锰肥（Mn）	硫酸锰	$MnSO_4 \cdot 7H_2O$	Mn≥24%～28%
	硫酸锰	$MnSO_4 \cdot 3H_2O$	Mn≥26%～28%
	氯化锰	$MnCl_2$	Mn≥17%
	锰矿泥		Mn≥6%～22%
	螯合剂锰	Mn–EDTA	Mn≥12%
铜肥（Cu）	硫酸铜	$CuSO_4 \cdot 5H_2O$	Cu≥24%～25%
	硫酸铜	$CuSO_4 \cdot H_2O$	Cu≥35%
	氧化铜	CuO	Cu≥75%
	氧化亚铜	Cu_2O	Cu≥89%
	螯合态铜	$Na_2CuEDTA$	Cu≥13%

锌肥（Zn）	硫酸锌	$ZnSO_4\cdot 7H_2O$	Zn≥23%～24%
	硫酸锌	$ZnSO_4\cdot H_2O$	Zn≥35%～40%
	氯化锌	$ZnCl_2$	Zn≥40%～43%
	氧化锌	ZnO	Zn≥70%～80%
	螯合态锌	$Na_2ZnEDTA$	Zn≥14%
钼肥（Mo）	钼酸铵	$(NH_4)_6Mo_7O_{24}\cdot 4H_2O$	Mo≥50%～54%
	钼酸钠	$Na_2MoO_4\cdot 2H_2O$	Mo≥35%～39%
	含钼工业废渣		Mo≥5%～15%

防治稻瘟病的叶瘟，于发病初期施药，过7天后可视病情发展和天气状况酌情再施一次，每亩次用2%液剂80毫升，加水30～40升喷雾。

防治稻瘟病的穗茎瘟，在水稻破口期和齐穗期各施药一次，每亩次用2%液剂100毫升，对水40～50升喷雾。

（2）高粱　防治炭疽病，于发病初期施药，每亩次用2%液剂75～100毫升。

（3）番茄　防治叶霉病，于发病初期施药，以后每隔7天左右施药一次，连续施药2～3次，每亩次用2%液剂140～175毫升，对水喷雾。

（4）黄瓜　防治细菌性角斑病，于发病初期施药，以后每隔7天左右施药一次，连续施药2～3次，每亩次用2%液剂140～175毫升，对水喷雾；防治枯萎病，使用浓度为200～400毫克/升，施用方法为喷雾、灌根、抹病斑，登记证号：PD85164。

（5）辣椒　防治细菌性疮病，于发病初期施药，以后每隔7天左右施药一次，连续施药2～3次，每亩次用2%液剂100～130毫升，喷雾。

（6）芹菜　防治早疫病，于发病初期施药，亩用2%液剂100～120毫升。

（7）菜豆　防治晕枯病，于发病初期施药，亩用2%液剂

100～130毫升。

（8）白菜 防治软腐病，亩用2%可湿性粉剂100～150克，登记证号：PD85164。

[混用技术] 已登记混剂组合如13%［3%+10%］春雷霉素•三环唑、21.2%［1.2%+20%］春雷霉素•四氯苯肽、50%［5% +45%］春雷霉素•氧氯化铜、50.5%［0.5%+50%］春雷霉素•硫黄。

[注意事项] 施药后5～6小时遇雨不影响药效。不能与碱性农药混用。对大豆、藕有轻微药害，在邻近大豆和藕田使用时要注意。

3. 多抗霉素

1.5%可湿性粉剂、2%可湿性粉剂、3%可湿性粉剂、10%可湿性粉剂，首家登记证号：PD85163。

4. 多抗霉素B

10%可湿性粉剂，登记用于番茄，防治叶霉病，亩用制剂100～140克，喷雾；登记用于黄瓜，防治灰霉病，亩用制剂100～140克，喷雾；登记用于苹果，防治斑点病、轮斑病，使用浓度67～100毫克/千克，喷雾，登记证号：PD138-91。

5. 公主岭霉素

0.25%可湿性粉剂，登记用于水稻、小麦、莜麦、高粱、谷子、糜子，首家登记证号：PD85152。

6. 金核霉素

94%原药，登记证号：LS20021932。

7. 井冈霉素

0.33%粉剂（登记证号：PD87332），2%可溶粉剂、3%可溶粉剂、4%可溶粉剂（登记证号：PD85132），5%可溶粉剂（登记证号：PD86139），12%可溶粉剂、15%可溶粉剂、17%可溶粉剂（登记证号：PD86146），3%水剂、5%水剂（登记证号：PD85131），10%水剂（登记证号：PD93106）。首家登记证号：

PD85131。

8．井冈霉素A

2.4%水剂、4%水剂、5%水剂、8%水剂、10%水剂，3%可溶粉剂、4%可溶粉剂、5%可溶粉剂、10%可溶粉剂、15%可溶粉剂、20%可溶粉剂、60%可溶粉剂。登记用于水稻，防治纹枯病，亩用制剂30～50克，喷雾，登记证号：LS97349。

9.宁南霉素

1.4%水剂、2%水剂、4%水剂、8%水剂，10%可溶粉剂。首家登记证号：LS97569。在发病前施药效果最佳，防治真菌、病毒病害，4%水剂稀释500～600倍；防治细菌病害，4%水剂稀释250～300倍。

10.农用硫酸链霉素

农用硫酸链霉素24%、72%可溶粉剂，首家登记证号：PD91107。72%可溶粉剂，登记用于大白菜，防治软腐病，亩用制剂13.9～27.8克，喷雾，登记证号：LS20031036。

已登记混剂如90%［35%～55%］硫酸链霉素•盐酸土霉素（水合霉素）可溶粉剂、20%［2%～18%］硫酸链霉素•氧氯化铜可湿性粉剂，登记证号：LS97911、LS20030222、LS20020936。

11.盐酸土霉素

盐酸土霉素，又名水合霉素、枯必治等。

88%可溶粉剂，登记用于大白菜，防治软腐病，亩用制剂3340克，喷雾，登记证号：LS2000281。

12.嘧啶核苷类抗菌素

嘧啶核苷类抗菌素，又名抗霉菌素120、120农用抗生素、TF－120等。2%水剂、4%水剂，首家登记证号：PD86110。

13.嘧肽霉素

4%水剂，登记用于番茄，防治病毒病，使用浓度为稀释200～300倍，喷雾，登记证号：LS20011552。

14.灭瘟素

2%乳油，1%可湿性粉剂，登记证号：PD85130、LS87017、PD88110。2%乳油登记用于水稻。

15.申嗪霉素

1%悬浮剂，登记用于水稻，防治纹祐病，亩用制剂50～70毫升，喷雾；登记用于辣椒，防治疫病，亩用制剂50～120毫升，喷雾；登记用于西瓜，防治枯萎病，稀释500～1000倍，喷雾，登记证号：LS20031380。

16.四霉素

[农药名称] 梧宁霉素、11371抗生素.

[产素生物] 不吸水链霉菌梧州亚种。

[产品特点] 本品经微生物发酵获得，为肽嘧啶核苷酸类抗生素，包括A_1、A_2、B、C四个组分，其中A_1、A_2为大环内脂类的四烯抗生素，B为肽类抗生素（与白诺菌素为同物质），C为含氮杂环芳香族抗生素（结构同茴香霉素），为广谱抗生素，通过抑制蛋白质合成而产生抑菌作用。对苹果腐烂病防效高，治愈后不易复发，有明显的促进愈伤组织再生的作用。

[适用范围] 水稻、苹果等。

[防除对象] 真菌、细菌。室内抑菌试验表明，对真菌（子囊菌和半知菌）均有活性作用。对水稻稻瘟病具有预防、治疗作用。对大多数革兰氏染色阳性、阴性细菌有效。有的资料说对苹果斑点落叶病、梨黑星病、葡萄白腐病、白粉病，桃褐腐病有特效。

[产品规格] 0.15%（1500单位/毫升）水剂，首家登记证号： LS90332。

[单用技术]

（1）水稻防治稻瘟病，于发病之前或发病初期施药，以后每隔7天左右施药一次，可连续施药2～3次，每亩次用48～60毫升，加水稀释喷雾。

（2）苹果防治腐烂病，稀释5倍（使用浓度为300单位/毫升），涂抹病疤。

［注意事项］不宜与碱性农药混用，每季使用次数不限，安全间隔期21天。

17.中生菌素

1%水剂登记用于苹果，防治轮纹病，使用浓度为20～40毫克/升，喷雾，登记证号：LS2000701。3%水剂，登记用于防治大白菜软腐病、番茄青枯病、柑橘（果实）溃疡病、黄瓜细菌性角斑病、姜瘟病、苹果轮纹病、水稻白叶枯病、芦笋茎枯病、青椒疮痂病、西瓜枯萎病、菜豆细菌性疫病，登记证号：LS2001336。

18.武夷菌素

1%水剂，登记用于黄瓜，防治白粉病，登记证号：LS981038。

19.C型肉毒梭菌毒素

C型肉毒梭菌毒素，又名C型肉毒杀鼠素、C型肉毒素杀鼠剂、C型肉毒素、C型肉毒毒素等。

100万毒价/毫升水剂，登记用于牧草，防治鼢鼠、高原鼠兔，配成0.1%～0.2%含量的毒饵，亩用毒饵75克，洞施，登记证号：LS88328、PD20070418。

100万毒价/毫升浓饵剂，登记用于草原，防治害鼠，配成0.1%～0.15%含量的毒饵，10～12克/鼠洞，鼠洞洞口投饵，登记证号：LS20080075

20.D型肉毒梭菌毒素

D型肉毒梭菌毒素，又名克鼠安、D型肉毒杀鼠素、D型肉毒素杀鼠剂、D型肉毒素、D型肉毒毒素等。

200万毒价/毫升水剂，登记用于牧草，防治长爪沙鼠、兔尾鼠，配成0.1%～0.2%含量的毒饵，亩用毒饵100克，施用方法为投放毒饵，登记证号：LS20011691、PD20081043。

1000万毒价/毫升水剂，登记用于草场牧草，防治鼢鼠、高原鼠兔，按1：(500～1000) 配制毒饵，饱和投饵，施用方法为鼠洞投饵，登记证号：LS20050127、PD20096472

1500万毒价/毫升水剂，登记用于草原，防治长爪沙鼠、黑线姬鼠、高原鼠兔，与基饵按1：1000的比例配制成饵粒，施用方法为投放，登记证号：LS20090404。

1亿毒价/克浓饵剂，登记用于草原，防治长爪沙鼠、黑线仓鼠、草原黄鼠、高原鼠兔、害鼠，按1：(500～1000) 配饵剂，施用方法为饱和投饵，登记证号：LS20110173。

21.蛋白饵剂

20%饵剂，本产品仅在口岸用于食蝇，登记证号：LS20051428。

二、微生物源/抗体型生物农药•杀线虫剂

已登记产品不多，例如阿维菌素。

本品具有杀虫、杀螨、杀线虫等多种作用。0.5%颗粒剂，登记用于黄瓜，防治根结线虫，亩用制剂3000～3500克，登记证号：LS20051522。

三、微生物源/抗体型生物农药•杀虫剂

1.阿维菌素

本品具有杀虫、杀螨、杀线虫等多种作用。1.8%乳油，登记用于十字花科蔬菜，防治小菜蛾，亩用制剂33.3～50毫升，喷

雾；登记用于柑橘，防治潜叶蛾，使用浓度3～4.5毫克/千克，喷雾；登记用于棉花，防治红蜘蛛，亩用制剂30～40毫升，喷雾，登记证号：PD199-95。

2. 多杀霉素

2.5%悬浮剂，登记用于甘蓝，防治小菜蛾，亩用制剂33.3～66.7毫升；用于茄子，防治蓟马，亩用制剂66.7～100毫升，登记证号：LS98070。48%悬浮剂登记用于棉花，防治棉铃虫，亩用制剂4.2毫升，喷雾，登记证号：LS98071。

已登记混剂如52.5% [50%+2.5%] 毒死蜱•多杀霉素乳油；登记证号：PD20070195。

3. 乙基多杀菌素

由陶氏益农公司出品的一种新型多杀菌素类杀虫剂，并收到第一个全球登记，它能够有效控制果树和坚果上的重要虫害，尤其是果树上的一种棘手的主要害虫——苹果蠹蛾。登记证号：PD20120240。

四、微生物源/抗体型生物农药•杀螨剂

1. 阿维菌素

本品具有杀虫、杀螨、杀线虫等多种作用。例如北京中农大生物技术股份有限公司奇克农药厂生产的0.9%乳油登记用于防治苹果的桃小食心虫、叶螨，叶菜类蔬菜的菜青虫、小菜蛾，柑橘的红蜘蛛、锈蜘蛛，登记证号：LS96796。

2. 浏阳霉素

10%乳油，登记用于苹果，防治红蜘蛛，使用浓度为67～100毫克/升；用于棉花，防治红蜘蛛，亩用制剂40～60毫升；用于蔬菜，防治红蜘蛛，亩用制剂30～50毫升。登记证号：LS93507。

3. 华光霉素

2.5%可湿性粉剂，登记用于苹果，防治山楂红蜘蛛，使用浓度为20～40 毫克/升；用于柑橘，防治全爪螨，使用浓度为40～60 毫克/升，登记证号：LS92328。

五、微生物源/抗体型生物农药•杀软体动物剂

目前尚无产品获得登记。

六、微生物源/抗体型生物农药•除草剂

已登记产品不多，例如双丙氨膦。

[农药名称] 好必思、双丙氨酰膦。CAS登录号35597-43-4，分子式$C_{11}H_{21}N_3NaO_6P$。本品是链霉菌发酵产生的一种有机膦双肽化合物。日本明治果品公司于20世纪70年代末开发。

[产品特点] 本品属于灭生性、内吸型、苗后茎叶处理剂。系谷酰胺合成抑制剂。由杂草茎叶吸收。通过抑制杂草体内谷酰胺合成酶，导致氨的积累，从而抑制光合作用中的光合磷酸化。因在杂草体内主要代谢物为草铵膦的b异构体，故显示类似的生物活性。本品作用速度比草甘膦快，比百草枯慢。

[适用范围] 柑橘园、橡胶园等。

[防除对象] 一年生、多年生的阔草、禾草、莎草和灌木。

[单剂规格] 20%SP可溶粉剂，首家登记证号：LS98051。

[单用技术] 只能作茎叶处理，不能作土壤处理，因为本品进入土壤即失去活性。常规喷雾亩对水30～45升。

（1）柑橘　在柑橘行间定向施药，于杂草生长旺盛期并有一定叶面积时施药防效最佳；亩用20%SP333.3～666.7克。

（2）橡胶　在橡胶行间定向施药，于杂草生长旺盛期并有一定叶面积时施药防效最佳；亩用20%SP333.3～666.7克。

[注意事项]　半衰期20～30天。

七、微生物源/抗体型生物农药•杀鼠剂

杀鼠剂是由对害虫有明显控制效果的微生物及其代谢产物，经发酵基后处理工艺制备而成，目前国内尚无产品登记。

八、微生物源/抗体型生物农药•植物生长调节剂

1. 赤霉酸（又称赤霉素）

3%可溶粉剂、10%可溶粉剂、20%可溶粉剂，40%可溶粒剂，10%可溶片剂、15%可溶片剂、20%可溶片剂，75%结晶粉、85%结晶粉，75%粉剂，4%乳油，2.7%膏剂；首家登记证号：PD86101。

2. 赤霉酸A_3

2.7%膏剂，10%可溶粉剂、40%可溶粉剂，登记证号：LS2001484、LS2001422、LS20011282、PD20097807。

3.赤霉酸GA_3

20%可溶粉剂，登记证号：LS20011287、PD20083844.

4.赤霉酸A_4

暂无单剂登记。

5.赤霉酸A_7

暂无单剂登记。

6.赤霉酸A_4+A_7

2%膏剂，登记证号：LS20090776。已登记混剂如3%［1%～2%］赤霉酸A_4+A_7～赤霉酸A_3膏剂，登记证号：PD20111453。

7.S–诱抗素

S–诱抗素又名福生壮芽灵、福施壮、创值等。

0.006%水剂，登记用于水稻，调节生长，使用浓度为0.3～0.4毫克/千克，施用方法为浸种，登记证号：LS2001493、

PD20050199。0.1%水剂登记用于番茄，调节生长，使用浓度为2.5～5毫克/千克，喷雾；登记用于烟草（苗床），调节生长， 使用浓度为2.7～3.5毫克/千克，喷雾，登记证号：LS20020451、PD20050198。1%可溶粉剂，登记用于番茄，调节生长，使用浓度为3.33～10毫克/千克，喷雾，登记证号：LS20072012。

8.超敏蛋白

3%超敏蛋白微粒剂是一种具有促进作物生长、提高作物抗病能力、增加作物产量的纯天然蛋白制剂。作用原理是通过Harpin Ea提示植物识别病原菌侵入并做出反应，诱导系统获得抗性、促进作物生长，从而达到增加产量、调节生产和提高抗病力的目的。

登记用于番茄、辣椒、烟草，用于抗病、调节生长、增产，500～1000倍液，喷雾，登记证号：PD20070120。在作物的苗期或移栽期、初花期、幼果期、成熟期，每隔15～20天喷洒1次。超敏蛋白对氯气敏感，请勿用新鲜自来水配用。不能与pH<5的强酸、pH>10的强碱以及强氧化剂、离子态药肥等物质混用。启封后在24小时内使用，与水混和后应在4小时内使用，喷施30分钟后遇雨不必重喷。使用期间结合正常使用杀虫剂、杀菌剂，则使用效果更佳，避免在强紫外线时段喷施。

9.极细链格孢激活蛋白

3%可湿性粉剂，登记用于白菜，调节生长、增产，1000～2000倍液，叶面喷施，登记证号：LS20091262。

第七节 微生物源/载体型生物农药

我们所称的载体型生物农药即通常所说的“转基因生物”农药。转基因生物指具有防治《农药管理条例》第二条所述有害生物以及耐除草剂等研究研究的主要是转基因抗虫作物和转基因抗除草剂作物。这些转基因生物是一种特殊的生物“农药”。

目前在植物抗虫转基因研究中最常用的抗虫基因有来源于细菌的Bt杀虫晶体蛋白基因和来源于植物的蛋白酶抑制剂基因、植物凝聚素基因。1983年第一株转基因植物——转基因烟草构建成功。我国在棉花转Bt基因研究方面进展很快，成绩显著，以中国农科院棉花研究所为代表的科研单位已经培育出中棉所41等多个抗虫棉品种，部分品种已被批准商业化生产并在全国推广种植。

第八节 生物农药使用的技术要点

无公害农产品生产已成为农业生产发展的方向。农产品在生产过程中，病虫害用生物农药防治已引起全世界的重视。目前，生物农药已在粮食、蔬菜、果树、花卉上广泛使用。但由于生物农药的使用效果受多种因素的影响，在实际应用中存在一系列问题。生物农药的科学使用应最大限度地利用有利因素，克服和避免不利因素，在使用中应注意以下几点。

一、按照不同防治对象选择不同农药品种

目前生产的生物农药有杀虫剂、杀菌剂及利用微生物代谢产

物制成的抗生素杀虫剂、杀菌剂等多种类型。

在生物农药的实际应用中，不少人对生物农药的性质还不完全了解，误认为生物杀虫、杀菌剂可防治一切病虫害，而不加选择地普遍使用，这样不但收不到应有效果，而且还会延误防治时期。生物农药选择性很强，如苏云金杆菌（Bt）对防治鳞翅目幼虫有效，但对同翅目的叶蝉就没有致病性，而且苏云金杆菌的不同品种系对几种重要害虫的防治效果也存在着差异。另外，要根据害虫取食特点使用不同类型的生物农药，如Bt对鳞翅目害虫效果很好，喷洒后会分布于植物表面，使害虫取食或触菌死亡，但对刺吸汁液的害虫（如蚜虫、螨类）无效，而阿维菌素对螨类杀伤效果非常好。因此，应针对不同种类害虫有针对性地选择适合的生物农药品种。

二、根据防治对象及条件选择适宜的生物农药剂型

生物农药防治效果往往与剂型和使用技术密切相关，使用时要根据防治对象、气象条件和使用时间，正确选择适当的剂型，才能达到最佳防治效果。如粉剂可借助空气浮力和风力分散于较大范围，从而和害虫有更大接触；对于食叶量很大的害虫，如菜青虫可采用将可湿性粉剂加水配成悬浮液的方法喷雾效果较好，而采用喷粉法效果较差。胶囊剂不仅有较长的释放效果， 而且能保护其中的病原体不受环境因素的影响，可用于大棚撒施。

三、依据不同的防治对象确定适宜的防治时期

害虫是生物农药作用的对象，对于不同类型及特点的害虫，生物农药的使用方法也不同。害虫一生有几个不同的发育阶段，各个发育阶段对生物杀虫剂的抵抗力不同，因此了解害虫所处的发育阶段，对防治是十分必要的。例如，菜青虫一生可分为卵、幼虫、蛹和成虫4个发育阶段，卵期有卵壳保护，蛹期有蛹体保

护，老龄幼虫有较厚的蜡质层保护，而成虫有翅可飞行。因此，只有选择低龄幼虫期施药，才能充分发挥生物农药的效果。

四、参照当地气候条件选择最佳的使用时间

生物农药的使用效果受环境因素的影响较大。实际上，生物农药从喷洒于植物到害虫取食或接触菌体需要一定的时间，而从害虫取食到死亡也需要一个过程，在这一时期易受环境的影响。其中影响最大的因素是温度、湿度、光照和风。

1．温度

温度不仅作用于生物杀虫剂孢子，而且还作用于害虫本身，从而影响病原微生物的致病性和毒性。芽孢和蛋白质晶体是生物农药的活性成分，其对温度的要求均较高。为保证芽孢在害虫机体内的繁殖速度，应控制温度在20℃以上，这样的条件也适合蛋白质晶体作用的发挥。

2．湿度

湿度作为生物农药活性的敏感因素，对生物杀虫剂孢子的繁殖和扩散有直接关系，湿度大，微生物孢子繁殖和扩散快，易感染和杀死害虫。湿度越大，药效越明显，特别是针对粉状生物农药。因此，生物农药的喷施应选择在早晚露水未干时进行。

3．光照

阳光中的紫外线不仅对伴孢晶体有变形降效作用，也可以杀死生物农药中的活性成分芽孢。一般直射阳光照射30分钟，芽孢死亡率可达50%左右，照射1小时芽孢死亡率可达80%。因此，生物农药在施用时应尽量避免强光，应选择在无雨的阴天或晴天的8：00 时前、16：00 时以后进行，以避开强光的照射。

4．风

粉剂生物农药对风比较敏感，其飘逸和扩散需借助于风。因此，要使粉剂生物农药达到最佳的施用效果，应掌握在微风条件

下施用。

5．雨水

生物农药切忌暴雨冲刷，但药后5小时遇小雨反而会有增效作用。因此，生物农药施用前应关注天气预报，严禁在暴雨期间用药。

五、选择适宜的喷雾器械

在实际应用中，目前大多数植保器械使用效率都较低，通常是由上而下直接对作物喷雾，使大量农药都聚集在作物上面的叶片上，作物中下部叶片上附着的农药较少，飘落损失在土壤表面的较多，如果雾滴大时，损失就更大。由于生物农药生产成本高，故要选择喷施效率高、雾化程度好、节省农药的植保器械。如弥雾喷粉器、弥雾喷雾器等，可与扇形空气喷口配套使用，其液压喷嘴喷出的雾滴小而均匀，能提高生物农药的防效，降低生产成本。

六、根据不同的地域创造适宜的条件

不同地区生物农药的使用也不尽相同。中国地域广阔，地区差异性较大，南方潮湿多雨，北方和西部地区干旱少雨。生物农药只有在满足其生活所需的最佳条件时，才能发挥最大作用。一方面在干旱地区要加大喷药用水量，造成一种高湿环境，易于微生物孢子的存活和繁殖；另一方面可在制剂中加入一些特定的高分子物质和增加溶液黏度的物质，如淀粉、动物骨胶、草木灰浸出液等，可以减少蒸发，避免快速干燥，提高利用效率。另外，根据害虫的迁飞特性，还可采用生物农药与高效低毒的化学农药配合使用的措施。化学农药可降低害虫的抵抗力，为病原微生物的侵入创造条件，同时害虫被病原微生物侵染后，也降低了对化学农药的抵抗力，两者相辅相成，从而达到了增加药效的作用。

七、与少量化学药剂混用

遇到害虫大发生和多种害虫混合发生时，单用生物农药的药效发挥慢，难以有效控制害虫，因而应配合施用生物农药与化学农药。一般加入低剂量化学农药于生物农药中，可降低害虫的抵抗力，为病原微生物的侵入创造条件，同时害虫被病原微生物侵染后，又降低了对化学农药的抵抗力，从而起到增效作用。但需注意的是，杀菌剂与碱性农药不能与生物农药混用，因为杀菌剂可杀死生物农药中的活性成分，使生物农药失去效果，碱性农药则会改变生物农药中微生物赖以生存的酸性条件，引起菌类失去活性。

第四章 微生物体生物农药生产工艺简介

微生物体生物农药的生产主要采用液体发酵、固体发酵和液固双相发酵3种工艺。虽然液体发酵技术和设备研究都较成熟，但存在培养基成本高、效率低等问题，使得产品生产成本较高。而固态发酵方式作为生产生物农药的一种新方式，具有投资低、产量高、后处理方便等优点，在生产中逐渐显示其优越性，但技术和设备研究并未完全成熟。液固双相发酵综合了液体发酵和固体发酵的优势，具有菌体竞争力强，杂菌的污染少，分生孢子产生速度快等优点，是迄今所知国内外气生分生孢子最成熟的生产工艺。本章主要介绍微生物体生物农药的固体发酵和液固双相发酵工艺。

第一节 生物农药固态发酵生产工艺简介

近年来，固态发酵工艺在生物农药工业生产中的应用取得了进展。固态发酵是没有或只有少量游离水存在，在具有可以满足微生物生长代谢的一定湿度的固态营养基质中进行的微生物发酵过程。和传统的深层液体发酵工艺相比，固态发酵具有培养基含水量低，所需反应器体积小，产物浓度高，产品纯化费用低，无废水排放，污染物较少（属于清洁生产技术），所需通气压力低、能耗少，培养基来源广泛等优越性，特别适合于发展中国家生物农药的有效生产。利用固态发酵生产的生物农药品种主要有细菌类杀虫剂，如苏云金芽孢杆菌（Bacillus thuringiensis）、真菌类杀虫剂白僵菌（Beauveria bassiana）、盾壳霉（Coniothyrium minitans）、金龟子绿僵菌（Metarhizium anisopliae）等。其中苏云金芽孢杆菌经过百年的发展已成为目前世界上产量最大、应用最广的生物杀虫剂。

一、生物农药固态发酵原料

固态发酵基质为微生物提供发酵所需的营养并且作为微生物细胞生长的载体，对微生物固态发酵过程中传质、传热和微生物的代谢过程产生影响。固态发酵基质发酵原料的选择不仅关系到发酵水平，而且和生产成本密切相关。目前生物农药固态发酵原料主要是工农业产品加工后的副产品及其废弃物。这些原料来源广泛、丰富，可以实现这些废弃物的资源化利用，又可以降低生物农药生产成本。

常用的发酵原料包括麦麸、米糠、黄豆粉饼、花生粉饼等。陈欣等以麸皮为唯一固态发酵底物对盾壳霉的孢子生产进行了研究，通过对不同麸皮和小麦配比的底物的发酵结果进行比较，确定了利用麸皮作为唯一底物进行盾壳霉固态发酵可以达到较好的效果。陈欣等还对以麸皮作为盾壳霉孢子固态发酵基质添加营养液的固态发酵进行了培养基优化。Vimala Devi等利用麦麸为主要原料，添加糖蜜和酵母浸膏作为补充碳源和氮源进行苏云金芽孢杆菌的固态发酵研究，确定了一种便宜有效的苏云金芽孢杆菌生产方式。孙翠霞等采用正交试验对苏云金芽孢杆菌的固态发酵培养基进行了优化，确定了固态培养基中麦麸、豆饼粉、玉米粉、酵母粉、米糠和无机盐的最佳比例。

虽然麸皮、米糠等一直作为生物农药固态发酵常用原料，但是由于他们可以作为动物饲料和人类膳食纤维素的主要来源及其高温灭菌后存在黏度增加、疏松度不够、空隙小、后续接种困难等缺点，研究人员一直致力于寻找新的固态发酵基质。

张怡等尝试以废次烟草为固态发酵原料，用于苏云金芽孢杆菌的固态发酵，实现了废次烟草的综合利用，获得了质量优良的生物杀虫剂。Adams等研究利用肉鸡产生的垃圾进行固态发酵生产苏云金芽孢杆菌。陶玉贵等以啤酒糟为主要原料，并添加了适当的玉米粉、豆粕和无机盐进行了苏云金芽孢杆菌的固态发酵研究。杨超英等用响应面分析法对以啤酒糟为主要基质的苏云金芽孢杆菌培养基进行了优化。基于食堂剩饭菜来源的广泛性及其中含有丰富的粗纤维、淀粉、粗蛋白及各种营养元素，弓爱君以食堂剩饭菜为发酵原料进行固态发酵，生产出了具有市场竞争力的苏云金芽孢杆菌生物农药。

二、发酵条件控制

在固态发酵过程中如何成功控制水活度、温度、pH值、通气与传质等影响参数是制约固态发酵技术规模化应用的重要问题。

1．水分活度

水是微生物生长必不可少的营养物质，是发酵的主要媒介。在固态发酵中，由于没有游离水存在，所以基质水活度αw必然会对微生物的生长和代谢能力产生重要影响。基质水活度αw与含水量有关。发酵基质中若含水量过大，则芽孢、晶体游离晚，发酵周期延长；含水量过低，菌体吸收不到培养基中各种营养和水分，也会使发酵受抑制。在发酵过程中，基质水活度αw会随着蒸发及微生物代谢活动的进行而逐渐降低，使得发酵难以正常进行。在大规模固态发酵过程中通常使用蒸发冷却来进行温度控制，也会造成较大的水分损失，使得固态培养基需要进行水分补充。通过连续通湿空气、安装增湿器或隔一段时间往底物中添加无菌水的方法可以使αw维持在微生物生长所需要的最适值。

2. 温度

固态发酵基质多为有机质，导热性能差，没有自由流动的液相。随着发酵的进行，发酵底物空隙率降低，使得发酵过程中产生的代谢热难以及时扩散开来，形成温度梯度，甚至使得温度急剧上升，大大高于菌种固态发酵的适宜温度，从而影响固态发酵的发酵水平。吴振强等在对金龟子绿僵菌的固态发酵进行环境变量优化研究时发现温度可以对金龟子绿僵菌的菌丝生长和产孢量产生影响，当温度由适宜温度升高到接近高限生长温度时，将引起可逆性的生长率下降甚至抑制。采用热电偶传感器可以监测物料的温度和温度变化梯度。在实验室规模反应器中，可以将反应器放置在温度可控的环境中（例如水浴中）进行控温。在大规模固态发酵系统中，主要采用将通气、温度、湿度控制相耦合的方式作为主要的控温措施。利用干燥的无菌空气对固体培养基进行强制通风可以加快热量从固体培养基表面到气相的传递速率，带走大量的代谢热量。同时为了防止固态培养基干燥，定期对培养基喷入无菌水，以维持固体培养基的含水量。

3. pH值

pH值是固态发酵过程中的关键因素。微生物发酵有其最适合和能够耐受的pH值范围。许多固态发酵过程的pH值具有特征性的变化，只是在固态发酵过程中缺乏在线测量湿润物料pH值的有效方法，使得pH值难以控制。目前多采用的是在固态发酵时调节好培养基的初始pH值，选用具有较大缓冲能力的固态物料来进行发酵，发酵过程中通常不进行pH值的检测和控制。其他措施还有在培养基中添加缓冲液，用脲取代铵盐作为主要的氮源来抵消发酵过程中生成的酸带来的负面影响。陶玉贵根据固体培养基难以调节pH值的特点，利用缓冲溶液对固体培养基用水进行pH值不同程度的调整，来研究培养基初始pH值对苏云金芽孢杆菌毒力效价的影响，得到苏云金芽孢杆菌固态发酵最适pH

值为7.5。

4．通气与传质

通气有助于氧气从气相传递到固态基质表面上的微生物，同时也可以起到转移代谢热和二氧化碳的作用。通气的速率和多少取决于微生物的特性、合成产物对氧的需求程度、发酵反应产生的热量多少、底物的料层厚度、微生物产生的二氧化碳和其他易挥发代谢产物的量和底物间的有效空隙。定时完全换气或改变气体流向是控制固态发酵中气体的常用方法。通气量过大会减少基质的水分，降低基质水活度，使得固态基质需要进行水分补充。利用气相色谱分析仪器分析发酵器顶部空间的气体或用氧分析仪测定需氧量和吸收率可以对通气量进行监测，以便控制通气量。

固态发酵的传质过程包括空气进入和排出反应器的过程，无通风情况下空气自然流动引起的自然对流、扩散过程，在生物反应器壁和周围环境之间发生的传质过程，搅拌过程中的剪切效果。一般情况下，可以利用下列措施改善传质状况：以颗粒状多孔或纤维状物质作为底物，减小底物厚度，增大底物间空隙，使用多孔浅盘发酵，搅拌底物或使用转鼓反应器。目前利用较多的方法是把强制通风和搅拌相耦合起来。

三、固态发酵设备

固态发酵反应器的研制对固态发酵的工业化推广应用具有重要意义。通过对固态发酵传质、传热和微生物生长数学模型的研究，近年来在规模化固态发酵反应器的研制上有着显著的进展。根据基质的运动情况，固态发酵反应器可以分为两类：静态固态发酵反应器，在静态体系中，整个发酵过程中固态基质保持不动，包括浅盘式生物反应器、填充床式生物反应器等；动态固态发酵反应器，体系中存在物料的混合过程，包括机械搅拌的筒、柱式反应器、流化床式生物反应器和转鼓式生物反应器等。按照固态发酵反应器规模的级别大小可以将其分为3种：实验室规模固态发酵反应器、中试固态发酵反应器和工业级固态发酵反应器。Durand对各种级别的固态发酵反应器进行了详细的介绍。陈洪章等研制出了一种工业级的气相双动态固态发酵反应器，基本思想是对固态发酵罐内的气相压力人为施以周期脉动，脉动的周期、振幅及波形将随不同发酵对象、发酵时间而改变；其次，在气相双动态固态发酵罐内设循环、风道及多组冷却排管，强制带走物料中的热量，并强制热空气与冷却盘管热量交换，降低发酵物料的温度，并保证了发酵温度与湿度的均匀一致与可调性。发酵过程中温度、湿度、pH值可控，保证纯种发酵，实现了规模化工业生产，设备投资和生产成本都远低于液体深层发酵。用苏云金芽孢杆菌进行生产固态发酵，平均毒力效价16000IU/毫克，最高批次达23000IU/毫克。用白僵菌进行固态发酵，效价可比浅盘培养提高2～3倍。

四、生物农药毒力检测

毒力检测是对生产出来的生物农药进行质量检验的重要项目。通过毒力检测可以检验发酵结果并指导发酵过程的改进和优化。主要方法有孢子计数法、生物测定法、高效液相色谱法、免疫分析法、质谱分析法、电泳分析法等。

生物测定法进行生物农药的毒力检测是行业标准检测方法，普遍应用于实验和生产。其毒力检测方法以敏感昆虫为试虫，同时检验供试样品和标准样品对虫子的致死浓度LC50值，并计算待测样品的毒力效价，以此来估计供试样品的毒效。方苹等使用小菜蛾测定固态发酵生产出的苏云金芽孢杆菌的毒效，采用浸叶碟饲喂法检测，用纯水将试样稀释处理，然后将苞菜叶碟在药液中浸渍10秒，取出自然晾干，分别饲喂3龄幼虫，于72小时检查幼虫死亡情况，计算死亡率。余子全等建立了一套苏云金芽孢杆菌伴孢晶体蛋白对植物寄生线虫的生物测定方法。生物测定法可以直观的反应菌株或制剂的毒力，但是需花大量时间饲养昆虫，且操作程序复杂，易受被测试昆虫的虫龄、环境条件等因素影响。

倪钰萍等对SDS-PAGE毒素蛋白测定、生物测定、活芽孢计数3种测定苏云金芽孢杆菌的方法进行了比较，通过对这3种方法适用范围、定性定量分析、试验周期、稳定性、可重复性、允许相对偏差等因素的考察，综合评价认为采用SDS-PAGE毒素蛋白测定更为适宜。

五、生物农药固态发酵未来展望

通过对文献的分析可以看出，固态发酵在生物农药生产应用领域的研究得到了巨大发展。发酵原料来源广泛，既实现了生物农药的有效发酵，又对一些工农业废弃物实现了资源再利用；发酵条件和影响参数的控制研究逐步深入；工业化固态发酵反应器大量出现；毒力检测方法多样化。但是与液体深层发酵相比，目前固态发酵技术还缺乏全面的详细研究，距工业化大规模的最优化生产仍有很大距离。不过随着固态发酵技术优势被越来越多的人认识到，固态发酵研究必将得到更多地重视，得到更大地发展，从而推动生物农药产业的进步。

第二节　微生物体生物农药液固双相发酵生产工艺简介

液固双相发酵是将经液体发酵培养出菌丝或芽生孢子后，接种至固体培养基上进行固体发酵产生分生孢子的方法，包括液体发酵和固体发酵2个阶段。液固双相发酵充分结合了两者之长，利用液体发酵快速生产大量的菌丝体或芽生孢子，再转到固体营养或惰性基质上使其产生最接近自然接种体形态的气生分生孢子。该方法最大限度地利用了液体培养的优点，先生产大量的菌丝或芽生孢子，缩短了菌丝生长周期，也避免了前期污染的问题，生产方法简便，能耗和成本低，同时固相发酵产孢克服了液相发酵所产芽生孢子环境稳定性差等缺点，因此被广泛用于杀虫真菌的批量生产。

一、培养基质

大规模发酵生产真菌分生孢子主要以大米、麦麸和米糠为基质。其中大米及其大米副产品广泛应用于微生物体生物农药发酵的培养基质。但是，当大米单独使用，大米颗粒较大的表面积限制了真菌的利用空间，如果单独使用底物，就需要引进一种增加水和空气利用率的介质。据报道，甘蔗渣和固体发酵底物的混合使用能够促进水利用率进而促进真菌的生长。到目前为止，最经常使用的培养菌体分生孢子的基质是大米。这是基于多种因素的考虑，包括营养平衡、费用、利用的地域性、颗粒大小形状、接种真菌后的湿度和颗粒完整性等物理性质。

二、影响因素

包括影响液体深层发酵和固体发酵的因素。张丽萍等对真菌的液固双相发酵条件进行了初步的研究，确定了培养真菌的培养基、培养温度、含水量、培养时间和初始pH值。农向群等研究了昆虫病原真菌绿僵菌R8-4菌株液固两相法培养过程中固相培养阶段的条件，包括培养基载体、接种量、接种后基质含水量、培养过程中的温度、光照、通气量等因素对产孢量的影响。结果表明，蛭石和稻壳均可作为固相培养的优良载体，以蛭石为载体的产孢量稍高于稻壳。玉米粉和麦麸组合是该菌的良好营养源，与不同载体配合均可使产孢量达到20×10^8孢子/克以上。以小米提供营养的不如麦麸加玉米粉，当小米与载体的质量比大于3：1 可获得 15×10^8孢子/克的产孢量。

三、应用情况

国外报道以水稻或谷子为基质用液固双相系统生产黄绿绿僵菌，可得到100克/千克孢子的产量。这种方法首先是在蔗糖/啤酒酵母介质中接种孢子并于摇瓶中生长，3天后将液体培养基转入高压灭菌的大米中，通过开袋通风，10～14天后用过筛法将孢子分离出来，干燥后孢子的湿度可达25%，然后在低温下保存。国外研究员Jenkins和Lomer将用蔗糖液培养2天、3天的绿僵菌种子液接种到布料上，垂直悬挂在无菌钢盒中，9天后布料的两面均长满分生孢子，产孢量达3×10^8个/厘米。Jenkin等人以大米为培养基质，用液固双相系统生产黄绿绿僵菌，平均产孢量达1.5×10^9个/克。虽然有的研究者认为这种发酵系统不适合大规模的生产，要提高孢子的产量只能通过增加成本和劳动力，但是这种简单的劳动密集型发酵系统比较适合中国市场的需要。

液体深层发酵得到的芽生孢子寿命短且活力弱，而固体发酵虽可得到分生孢子，但是其生产周期长、菌剂含孢量低而导致成本高的弊端同样阻碍了实用化进程。利用液固双相发酵工艺，仅用两种廉价、易得的农副产品为原料，控制适当的培养条件，能得到高含量的孢子粉。液固双相发酵综合了液体发酵和固体发酵的这两者的优势：①提高培养真菌的竞争力，降低杂菌的污染。②提高真菌产分生孢子速度，降低真菌的培养时间和使用空间。③液体培养阶段对可能受杂菌污染种子斜面培养基的做进一步筛选。④确保接种菌液对固体颗粒物质的均匀覆盖，使菌体能同步生长。

第五章 国内外生物农药产业发展现状与趋势

第一节 国际生物农药产业发展现状与趋势

美国是全球最大的生物农药市场，美国联邦环保署（EPA）新批准的生物农药数量远超过常规农药。欧洲是全球增长最快的生物农药市场，保持着15%的高增长率。据预测，到2015年，全球生物农药的市值有望达28亿美元。目前，国际上有27个国家已将46种微生物列为微生物杀菌剂的有效成分。其中真菌类25种，细菌类21种。在美国、欧盟、英国、新西兰、南非、澳大利亚、加拿大、印度等国家和组织认证的微生物菌株有53个，并登记了相关产品，已广泛应用于农业、林业、园林和食品生产实践中。其中，美国已有26个微生物菌株进行了微生物农药登记，登记产品85个。主要公司包括美国生物农药公司AgraQuest（登记产品22个）、美国拜沃股份有限公司（登记产品8个）、拜耳公司（登记产品7个）等。美国生物农药商MBI公司的生物杀虫杀螨剂Grandevo的干粉剂型已经获美国环保署批准登记。这个杀虫剂提取自一种subtsugae色素细菌的一个菌株，菌株代号为PRAA4−1T，Grandevo抗虫谱相当广，能防控包括木虱、蓟马、粉蚧、潜叶蛾、椿象、草盲蝽、稻叶甲、白蛴螬、黏虫等多种害虫。它具有触杀和抵制的双重作用机制，使得害虫难以产生抗性，比单一机制的产品有了更多的优势，特别适用于病害综合治理体系，减少害虫对常规化学农药产生抗性和控制残留问题。

该产品安全性高，不受施用/收获时间间隔限制，施用后再进入用药区域的间隔期短，还没有最高残留限制，符合国家有机种植计划（NOP），还被列入了OMRI清单，可以在田地、温室和花园中施用。Marrone Bio Innovations公司提交的产品是生物杀虫剂/杀螨剂MBI-206EP（伯克霍尔德氏菌A396菌株，94.5%），可用于防控草皮，观赏性植物和可食用作物中的鳞翅类害虫，比如苹果小卷蛾、黏虫、木虱和六点叶螨等。美国AgraQuest公司的生物杀菌剂Serenade（枯草杆菌QST713菌株）已在加利福尼亚州登记获批用于草莓作物，该产品可替代溴甲烷填补熏蒸剂溴甲烷的空白，在控制土壤疾病方面表现优异，还能为种植者带来相当可观的产量提升，且相比使用土壤熏蒸剂需要耕地清场30天之久，Serenade只需要4天即可，国际市场每年对溴甲烷的需求量超过5亿美元，Serenade还获英国批准用于马铃薯沟施。据康涅狄格大学的研究显示，枯草芽孢杆菌在作物根系周围的存留期超过80天，使用Serenade Soil杀菌剂平均可以提高13%的产量，该产品将成为世界第三大土壤杀菌剂，其对丝核菌的防控，效果优于传统农药嘧菌酯（Amistar）70%，且价格比后者更具优势，据世界农化网中文网报道，美国环保局2013年提议批准Becker Underwood公司生物杀菌剂Integral F-33产品（有效成分：短小芽孢杆菌菌株BU F-33）使用于诱导多种作物（如胡萝卜、番茄）系统抗性的室内商业化种子处理。Becker underwood已申请该杀菌剂对所有食品最大残留豁免。美国环保局2013年已经批准Summit Chemical公司的生物杀虫剂产品Summit Bti MP（有效成分：苏云金杆菌以色列变种菌株SUM-6218）投入生产，此新活性成分与苏云金杆菌以色列变种极其相似。

德国的拜耳作物科学公司于2012年8月高调宣称以4.25亿美元成功地收购了美国AgraQuest生物技术公司，随即推出了Serenade品牌的生物农药；瑞士的先正达公司以1.13亿美元收购

Pasteuria生物科学公司；德国的巴斯夫公司以10.2亿美金计划收购Beck Underwood生物科学公司，这些世界级的农药公司通过收购生物科技公司来进入和领军生物农药行业、带动了全球农化巨型企业积极争相收购生物科技公司、极大地促进了生物农药领域的快速发展。美国生物农药行业协会执行会长Stoneman认为，全球农化巨头积极争相收购或并购生物科技公司，将进一步促进新型生物农药创制和生物农药市场的推广应用，推动生物农药行业的健康可持续发展。

2013年1月，德国拜耳作物科学公司继续收购动作，收购了德国的Prophyta GmbH生物科学公司，不但收购该公司的新产品、新专利，还收购该公司的研发实验室及新制剂规模生产企业。Prophyta GmbH公司成立于1992年，总部位于德国，是一家利用微生物源生物制品提供植物保护产品的公司。该公司主要品牌是防控菌核病的ContansTM及杀线虫剂BIOACTTM，研发的产品已在全球30多个国家取得登记许可。经过这次收购，拜耳公司产品开发经理Jennifer Riggs表示，拜耳将拓展在新鲜水果和蔬菜生产、种子处理等领域的生物农药新产品创制与应用业务。此外，拜耳公司通过收购以色列的生物农药公司AgroGrenn的坚强芽孢杆菌技术，开发特定产品，使之成为生物杀线虫种子处理剂，以商品名为Votivo的新产品推出并进入市场。随后开发出另一产品，作为组合种子处理剂Poncho Votivo（噻虫胺+坚强芽胞杆菌）在2012年成功进入全球市场。

巴斯夫公司目前在研发化学农药与生物农药的组合产品来推出适应市场需求的农作物病虫害有效的解决方案。该公司认为生物农药与化学合成农药就药效相比还有差距，但通过生物农药与化学农药组合成的新产品，会使农民从中获益。如其中一项较好的方案是采用化学和生物植保产品组合的喷雾项目。农民在收获果蔬前喷洒传统的产品，然后在收获前关键期换成生物产品，提供给农民残留控制和抗性管理双重效益。巴斯夫公司通过收购Becker Underwood生物科技公司，强化了在农药领域中的竞争优势，特别是高速增长的种子处理市场。随即，巴斯夫公司与巴西农业研究院签订了长达五年的合作协议，重点开发生物农药。巴斯夫的作物保护部门将新推出一个叫做功能性作物保护部门的全球战略性业务。这个部门将整合巴斯夫与Becker Underwood现有的种子处理、生物学作物保护、作物健康以及水分和营养管理方面的研究，开发和营销活动。Becker Underwood的动物营养业务将被整合到巴斯夫的营养&健康部门下。2012年12月巴斯夫从位于美国的私募股权投资公司Norwest Equity Partners处完成对Becker Underwood的收购。通过此次收购，巴斯夫顺利成为生物种子处理技术以及种子处理着色剂和聚合物的全球领先供应商。同时，巴斯夫的产品库得到进一步丰富，增加了生物植保产品、草坪和园艺用产品、动物营养产品和景观着色及包衣产品等。先前巴斯夫与美国生物农药公司AgraQuest合作，获得了遍及拉丁美洲及其他地区的销售权，枯草芽孢杆菌菌株QST713和信息素Cetro在巴西首次上市。

先正达公司认为生物农药对种植者的吸引力越来越大，逐步成为有效防控虫害、减缓抗性问题以及残留控制方面新增的选择项。近年来，该公司将生物农药视为其战略的一部分，与多家公司在生物防治领域建立合作伙伴关系，并寻找更大规模的投资合作机会。先正达对Pasteuria公司的收购，丰富了先正达杀线虫产品库，利于为大豆、玉米、谷类作物、甜菜和蔬菜等主要农作物提供整套综合解决方案。随即，先正达与MBI签署了欧洲、中东和非洲等地区的分销协议，先正达的创投子公司成为MBI融资2540万美元的主要投资者之一。同时，先正达公司和诺维信公司达成Taegro全球销售和分销独家授权协议。从2011年起，先正达公司又与Pasteuria Bioscience公司成为了全球技术合作伙伴，共同开发以土壤细菌巴斯德杆菌为基础的生物杀线虫剂。先正达称将继续寻找有前景的生物农药来投资并寻求合作。

孟山都公司认为新型生物农药将成为世界各国农业生产者的病虫害防控有效工具，该公司称其对探索新的防虫药剂感兴趣，并开始通过合作和自身的努力在这一领域进行工作研究。在2010年与AgraQuest公司订立一项为期3年的合作，评估生物农药的生产线对孟山都公司核心作物和蔬菜种衣剂开发的潜在用途。该公司还与拜耳签订了有关种衣剂PonchoVotivo的协议，以供孟山都公司在美国的玉米和大豆种衣剂等应用。

统计显示，全球传统农药市场的年销售额在470亿美元，而六大农药公司占据了其中75%的市场份额。相比之下，全球生物农药市场在2011年达到13亿美元后，预计2020年之前将达到28亿美元。但整个生物农药市场由100多号中小企业分割，高度分散，许多公司往往仅有一两种产品，不利于生物农药行业的壮大和规模化发展。

生物农药发展已进入“生物信息技术”时代，以发现新先导化合物和验证新型药物靶标为重要目标的新药物创制得到了蓬勃发展。基因组学、功能基因组学、蛋白质组学和生物信息学等前沿技术与生物农药研究的紧密结合，化学、物理学理论和结构生物学、计算机和信息科学等基础学科与药物研究的交叉和渗透，使农业生物药物研究、开发和应用的深度和广度不断拓展。产品剂型由短效向持效发展，从不稳定向稳定发展，从效果单一向多样化发展。

分析未来的发展趋势，仅就微生物杀虫剂而言，将有如下四大突破，第一是利用基因重组技术对微生物杀虫剂的来源生物进行特性改良（包括毒力选择性和安全性等），或直接将抗虫基因转入植物体内，这一技术目前在生物农药领域的研究和开发上已得到较广泛的应用，如在重组Bt和重组昆虫病毒领域。第二是将微生物杀虫剂与低毒的化学农药或增效因子混配使用，以增强作用效果。第三是在微生物农药的后加工处理过程加入安全型辅助剂，使产品不被紫外线和氧化等作用所破坏，能延长储藏期，维持特定的物理特性如分散度和黏附靶标作物的能力等。第四是通过发酵工艺和反应器的改良来提高发酵液效价，降低微生物农药的生产成本。

第二节 我国生物农药的发展瓶颈及对策分析

我国与美国等世界发达国家相比，在生物农药领域尚存在一定差距。生物农药产业发展瓶颈问题主要归纳于以下几点。

1.微生物杀菌剂种类少、产品少、且多为与井冈霉素混配

目前在我国登记的微生物杀菌剂有效成分仅有7种（美国22种），制剂产品42个，其中：以微生物为唯一有效成分的制剂18个，仅占登记微生物杀菌剂43%（枯草芽孢杆菌制剂7个、木霉制剂3个、多黏类芽孢杆菌制剂2个、蜡质芽孢杆菌制剂2个、寡雄腐霉菌制剂2个、地衣芽孢杆菌水剂1个和荧光假单孢杆菌制剂1个）。与井冈霉素混合的制剂24个，占登记微生物杀菌剂57%（井冈霉素·蜡质芽孢杆菌制剂20个、井冈霉素·枯草芽孢杆菌制剂4个）。

2.防治对象单一，缺乏系列生物农药产品

在微生物杀菌剂产品现状中仅以一种作物病害为靶标对象的制剂有32个，占登记制剂的76%；以2种作物病害为防治对象的制剂有5个，占登记制剂的12%；以3种以上作物病害为防治对象的制剂有5个，占登记制剂的12%。由此可见所登记的微生物杀菌剂制剂的防治对象单一，缺乏广谱性。

我国目前登记微生物杀菌剂42个，登记靶标作物12个，防治靶标对象20个，平均每个作物上仅有防治对象1.2个。这一现状表明所有登记的制剂集中以相同的靶标对象作为防治对象。换言之，对同一作物来讲，防治同一作物上不同靶标病害的微生物杀菌剂缺乏。

3.生产企业规模小而且分散

虽然我国生物农药发展时间不短，但始终未能形成较大规模化生产。美国目前登记85个微生物杀菌剂产品，仅有27家企业生产，单个公司占有产品3.1个，并且这些企业中不乏国际农药巨头。而我国登记微生物杀菌剂产品53个，却有44个农药企业生产，单个公司占有产品1.2个。目前我国有这44家微生物农药企业，多数企业为小型企业，生产装备和技术落后，商品的剂型化程度低，产品质量也不稳定。与国外产品相比，我国生物农药产品缺乏市场竞争力。

4.高效低成本发酵新工艺研究不足

一种农用抗生素能否开发成为一个大品种，菌株是根本，发酵工艺是关键。我国生物农药研制单位和生产企业在发酵工艺研究方面普遍存在技术力量较弱，对工艺研究不全面、发酵成本偏高等问题。因此，加强高效低成本发酵工艺研究还有很大的潜力，同时，对生物农药产业的做大做强具有重要作用。

5.发酵后处理工艺和制剂工艺创新不足

生物农药发酵产生较多的富营养废水，直接排放将污染水环境，现在生产企业废水处理率较低，因此，须研究发酵废水的处理及循环利用技术，减少生产对环境的污染。因此，须加强新剂型的研究，将优秀品种的潜力尽力开发。此外，我国大部分生物农药研究开发单位不注重生产中间环节（工业发酵工艺、后处理工艺、新剂型加工技术以及新剂型和新产品的安全性及环境行为等）的技术创新，致使研究的目标、方向与企业和市场的需求不符。例如，有些品种的生产菌种选育缺少突破性进展，在产品后加工及剂型研制上，未能对微生物农药的稳定性、分散性、渗透性以及保护剂、增效剂等进行多层次的研究，因而造成微生物农药产品有效成分含量低、易失效和田间效果不稳定等后果，难与化学农药竞争市场。另一方面，大部分生产企业自身没有对新产品的后续研究和开发能力，只能简单从事农药制剂的加工、生产与销售，其结果是科研成果无法转化为商品。

6.天敌昆虫推广应用投入不足

我国在天敌昆虫应用方面的不足，主要表现在对本地优势种天敌昆虫的规模化饲养生产尚存在扩繁规模小、扩繁品种少、设备不配套等不足，销售渠道未理顺、技术服务滞后等问题。加速天敌昆虫人工饲养规模化与商品化生产具有重要的应用和推广价值，且形成产业的时机已经日趋成熟，天敌昆虫的产业化产品将成为替代传统的植物保护农药产业优化升级的新型产业。目前较大规模工厂化生产的主要是赤眼蜂，产品单一。而其他昆虫如平腹小蜂、丽蚜小蜂、烟蚜茧蜂、草蛉、瓢虫、捕食蝽等天敌昆虫的规模化生产技术已基本成熟，稍加完善生产工艺和改进生产设备，便可实现工厂化、产业化生产。

7.科研成果无法商品化

我国从事生物农药研究的人员多，单位多而分散，造成研究经费和设备投资不足。多数研究人员注重于微生物资源筛选与分子改造研究，真正从事微生物农药系统研究特别是微生物发酵工艺和后处理工艺研究的人员和单位较少。因此，多数科研人员研究出的成果仅限于学术论文发表与专利申请等，成果成熟度不足于进行产业化开发与应用。

8.缺乏广泛正确的宣传，推广应用有难度

生物农药的应用推广比较困难，主要原因：①由于生物农药见效较慢，特别是活体微生物农药易受环境的影响。②农民对生物农药的作用机理了解不够，使用方法不当，导致防治效果差。③国家对生物农药的产后研究重视不够，投入很少。④没有培育无公害农产品“优质优价”的公平市场，使用生物农药的农民没有得到真正实惠。

我国幅员辽阔，生物农药资源丰富，为全面拓展生物农药产品的种类提供了优良的先决条件。充分合理地整合利用这些生物资源，将促进我国生物农药的发展。经过多年的研究，已奠定了较好的研发基础，随着农业生产的精品化、无公害化趋势日趋明显，特别是大棚蔬菜和设施园艺的迅速发展，天敌昆虫及微生物农药制剂有着越来越强烈的市场需求。在生产规模方面，目前我国天敌昆虫生产能力有限，生产规模和使用面积都较小，还不能从根本上满足农业生产需要。另外限于工艺技术，我国目前天敌昆虫生产多为季节性生产，造成了生产设备的闲置。因此必须发展有效途径，实现天敌昆虫规模化繁殖研究成果的技术转移，综合生产多种天敌昆虫产品，并形成全年生产模式。

微生物杀虫剂是目前微生物农药产业的重要组成部分，也是生物防治产业的重要组成部分，具有对靶标害虫特异性强、不易杀伤天敌和有益生物、防治效果好、对人畜安全、毒性小、不破坏生态平衡以及害虫不易产生抗药性等优点。近年来，微生物杀虫剂的种类不断增加，应用范围不断扩大，在病虫害防治中的地位越来越重要，其研究开发也越来越受到国内外的重视，具有广阔的发展前景。

经过多年的努力，植物疫苗已从研究阶段走向应用。“BTH”、“Bion”和“Messenger”等已在农业生产上得到较好的应用，并取得了明显的效果。随着寡糖疫苗研究的深入，在

农作物上也开始了应用。法国科学研究中心（CNRS）和戈埃马公司（GOEMAR）的实验室合作研究，以海带为原料，提取分离出了昆布素。以其为主要原料配制出“IODUS40”农药。该农药具有生物降解性能，无毒，是一种通过提高植物自身免疫力防治病害的疫苗。该农药已经通过国际认证，并应用于小麦病害的防治。

近年来，蛋白质农药已成为新型环保生物农药发展中的一个新亮点，有关激发植物免疫抗病和促生增产作用的微生物蛋白农药的研究，已引起国内外的广泛关注和重视。2001年，美国EDEN公司从细菌源过敏蛋白中开发出的Messenger农药产品，在美国获得登记，被EPA列为免检残留的农药产品，准许在所有作物上使用。2001年，该产品的开发荣获美国环境保护委员会颁发的“总统绿色化学挑战奖”，并被称为是“植物保护和农产品安全生产上的一次绿色革命”，现已在美国、墨西哥、西班牙等国的烟草、蔬菜和水果上广泛应用。2004年，Messenger（康壮素）经我国农业部农药检定所（ICAMA）审定通过取得了农药临时登记证，证号为LS200160，首批推荐在番茄、辣椒、烟草和油菜上使用。

我国在植物疫苗的研制和应用方面正努力迈向世界先进行列。已开发应用的免疫激活蛋白、寡糖疫苗等都具有良好的应用效果和发展前景。继续加大研发力度将能研制出更多更好的相关产品，服务于农业生产。中国是农业大国，农作物种植面积近2亿公顷，化学农药的减量任务艰巨，生物农药的开发应用潜力巨大。同理，植物免疫疫苗以其“固本扶正”、无毒无害无残留的特性，无论在国际还是国内市场，都具有极大的研发和应用潜力。植物免疫农药具有许多优越性，对病原靶标没有直接杀死作用，主要是通过激发植物自身的免疫系统以达到抗病、增产、改善品质的作用。因此植物疫苗农药对环境更安全，并且不会引起病原微生物的抗性，符合农业健康生产的要求，是发展优质高效农业和生产绿色食品的重要措施，具有广阔的应用前景。

为了推动我国生物农药和生物防治的发展，由中国农业科学院植物保护研究所组织成立了“生物农药与生物防治产业技术创新战略联盟”，该联盟牵头单位为中国农业科学院植物保护研究所，成员单位有：华北制药集团爱诺有限公司、浙江省桐庐汇丰生物化工有限公司、湖北生物农药工程研究中心、陕西绿盾生物制品有限责任公司、武汉武大绿洲生物技术有限公司、杨凌农科大无公害农药研究服务中心、上海农乐生物制品股份有限公司、海南正业中农高科股份有限公司等50多家单位。通过联盟的成立，抓住国家组建行业“联盟”这一发展机遇，整合国内生物农药产学研队伍，提升生物农药产业水平。在“十二五”科研立项中，联盟组织申报，获得了“863”项目“微生物杀菌剂研究与产品创新”与“生物农药新剂型关键技术研究与产品创制”两个课题。这两个课题的执行，将有利于生物农药同行资源共享和联合攻关，加速我国生物农药新产品的创制。生物农药行业将在国家政策的指导下，积极协作，联合攻关，促进我国生物农药产业健康快速地发展。

第六章 生物保鲜剂

食品的保存、保鲜与防腐一直是人们普遍关注的问题。果蔬含有人类生活所需要的多种营养物质，是人们生活中不可缺少的食品。但果蔬生产的季节性和区域性较强，且容易腐烂，这同广大消费者对果蔬的多样性及淡季调节的需求相矛盾。因此依靠先进的科学技术，尽可能延长或保持果蔬的天然品质和特性，就成为食品领域的重要研究课题。

近年国外食品保鲜技术有微波杀菌、高压电场杀菌、高压低温保藏、静电杀菌、磁力杀菌、感应电子杀菌、核辐射杀菌、X射线杀菌、红外杀菌，主要集中在物理方法的研究，然而，生物保鲜的研究在日本、美国正受到重视。

目前，我国基本上仍采用机械低温贮藏和化学药剂来保鲜果蔬。然而低温贮藏成本高、耗能大、质量不稳定，化学处理又会带来健康危害和环境污染等问题。生物保鲜技术克服了以上保鲜法的不利因素和弊端，具有贮藏环境小，贮藏条件易控制，处理目标明确，处理费用低，符合绿色环保要求，并能节省资源和减少能源浪费，防止污染等优点。特别是随着人们生活水平的提高，生活模式与消费观念的改变，人们对食品的要求及对食品卫生的要求越来越高，已不仅仅满足于传统上的色、香、味，而更加关注的是食品的安全与环保，希望能吃到天然、安全、无化学制剂残留的食品。传统的并已广泛使用的化学防腐剂如亚硝酸钠、苯甲酸钠等都具有一定的毒性，而辐射贮藏、低温贮藏等物理方法又因使用范围、操作技术等限制，很难广泛推广。因此寻找安全无毒的生物保鲜技术，用于取代化学保鲜方法已成为人们关注的热点。

第一节 生物保鲜的作用机理及特点

生物保鲜技术的一般机理为隔离食品与空气的接触、延缓氧化作用，或是生物保鲜物质本身具有良好的抑菌作用，从而达到保鲜防腐的效果。生物保鲜物质无毒无害，可用于食品防腐保鲜。如壳聚糖具有良好的成膜性，对果蔬可起到“微气调”的作用，抑制果蔬的呼吸，并且该膜可将食品与空气隔离，延缓氧化；壳聚糖还具有良好的抑菌作用，它对腐败菌、致病菌均有一定的抑制作用；壳聚糖分子中的羟基与氨基可结合多种重金属离子形成稳定的螯合物，例如铁、铜等金属离子与其结合可以延缓脂肪的氧化酸败；壳聚糖无味、无毒无害。普鲁兰多糖是无色、无味无臭的高分子物质，可塑性强，在物体表面涂抹或喷雾涂层均可成为紧贴物体的薄膜，能有效阻挡氧、氮、二氧化碳。木霉发酵液可以与果实表面病菌之间的营养竞争作用和分泌的抗菌物质产生抗菌作用。茶多酚可与蛋白质络合，使蛋白质相对稳定，不易降解，可以抑制微生物的生长，茶多酚还是一种优良的抗氧化剂，使脂肪氧化速度降到最低，能有效清除自由基。

化学防腐剂对人体的毒副作用、致癌已让人们意识到它的危险性。物理防腐保鲜方法要求技术性强、设备维修难、成本比较高。而生物保鲜物质直接来源于生物体自身组成成分或其代谢产物，具有无味、无毒、安全等特点。此外生物保鲜物质一般都可被生物降解，不会造成二次污染。

第二节 生物保鲜技术的种类及其介绍

一、微生物拮抗保鲜菌保鲜

（一）利用微生物拮抗保鲜菌的特点和方式进行保鲜

微生物的抗菌效果是由于它可以产生抗生素、细菌素、溶菌酶、蛋白酶、过氧化氢和有机酸，改变了pH值等因素，这种具有拮抗作用的微生物菌可以抑制或杀死果蔬中的有害微生物，或与有害微生物竞争果蔬中的糖类等营养物质，阻止储存期间果蔬维生素C、糖含量和SOD活力的下降，从而达到防腐保鲜，提高果蔬质量的目的。

微生物拮抗保鲜菌保鲜采用了现代微生物技术，利用菌体次生代谢产物或直接利用微生物菌体和抗菌肽对食品进行保鲜。微生物拮抗保鲜技术具有无色、无味、无毒、无害等特点，

（二）利用微生物拮抗保鲜菌保鲜的研究进展

1.菌体次生代谢产物保鲜

微生物发酵具有生产周期短，不受季节、地域和病虫害条件的限制。因此从微生物的次生代谢产物中研制生物保鲜剂具有广阔的发展前景。

我国研究人员研究了木霉发酵液对茄子的保鲜作用。经哈茨木霉发酵液处理的茄子果实，在贮藏温度为20～25℃的条件下贮藏20天后，果实仍新鲜如初。

研究人员还从多种微生物菌种发酵提取液混合制成生物保鲜液fb-203，并将其稀释液对草莓果实细喷雾或浸醮晾干后，在常（室）温的条件中对草莓进行了保鲜研究。结果表明，生物保鲜液（膜）fb-203对草莓果实的常（室）温保鲜贮藏有比较明显的效果，该保鲜剂较明显地抑制了草莓灰霉病等菌的侵染，能减少

草莓果实表面失水，从而达到保持果实的新鲜感，并且有一定的缓解草莓果实有机酸、还原糖的分解作用，促使草莓pH值上升速度变慢。

在国外则有研究人员利用菌体的次生代谢产物研制保鲜剂。

2.直接利用微生物菌体保鲜

人们正致力于寻找无毒、无害的生物保鲜方法用于取代传统的化学保鲜防腐方法。用于研究生物保鲜技术的微生物种类在不断增加，有细菌、真菌等。例如用酵母菌对草莓进行保鲜研究；发现木霉发酵液对茄子的保鲜作用；出芽短梗霉（Aureobacidium pullulans）分泌的普鲁兰多糖已应用于食品、医药等领域；还有研究了红茶菌、纳豆菌的抗菌作用。

目前，已经有学者正在进行直接用微生物菌体对果蔬保鲜的研究。

通过用啤酒酵母菌对草莓保鲜的研究，结果表明，啤酒酵母菌对草莓的后熟起到推迟作用，从而减轻了草莓的腐烂程度。

从葡萄表面分离得到的1株链霉菌H2，用于新疆甜瓜的防腐保鲜。甜瓜经过H2菌剂处理，在室温（15～20℃）贮藏了60天，有效地防止了甜瓜的霉腐，并且对甜瓜的风味没有影响。

在绿茶中掺入嫌气性蜡样芽孢杆菌经低温处理对茶叶的保鲜，该技术已获得了中国发明专利（专利号CN1145177A)。

国外已有人用有益真菌（Trichoderma harzanium）对新西兰猕猴桃进行了防霉研究，结果表明，用此方法保护的6000只新西兰猕猴桃不受霉菌侵染达1个月之久。而没被处理的猕猴桃有一半被Botrytiscinerea霉菌破坏。还有一些利用木霉对果蔬进行防病保鲜的报道。例如，美国、法国和英国利用多孢木霉对洋梨、蘑菇和苹果进行防病保鲜。我国也有一些应用木霉对茉莉花、茄子、蜜柑等进行保鲜的研究报道。美国科学家还从酵母中分离出一种能防止水果腐烂的菌株，可防止苹果的腐烂。

乙烯具有促进蔬果老化和成熟的作用，所以要使蔬果保鲜达到目的，就必须去掉贮存环境的乙烯。科学家经过筛选研究，分离出一种NH-10菌株，该菌株能够制成NH-T乙烯去除剂，可用于防止葡萄贮存中发生的变褐、松散和掉粒，以及防止番茄、辣椒失水，变色和松软，具有明显的保鲜效果。

3.利用抗菌肽保鲜

抗菌肽多数具有强碱性、热稳定性，以及广谱抗菌等特点。某些抗菌肽对部分真菌、原虫、病毒及癌细胞等均具有强有力的杀伤作用。

乳链菌肽由34个氨基酸残基组成的小肽，食用后在消化道可被α-胰凝乳蛋白酶等蛋白酶酶解，不会对人体安全构成伤害。乳链菌肽能有效抑制芽孢杆菌及梭菌的生长、繁殖，延长产品保存期4～6倍，有利于产品的贮存和运输。因此，乳链菌肽可作为一种高效、无毒的天然食品防腐剂。

研究人员从吉林林蛙干皮中纯化得到的FSE-31.5抗菌肽，对香肠、草莓具有较好的防腐保鲜效果。

采用乳酸链球菌素Nisin与复合生物酶对辣椒在常温下的生物保鲜工艺进行了研究。结果表明，随着Nisin与复合生物酶的增加，酸含量和氨基酸含量都减少，pH值相对增加，能有效抑制辣椒的发酵，延长辣椒保质期。

4.利用多糖类物质保鲜

细菌、真菌和蓝藻类产生的微生物多糖，因其安全无毒、理化性质独特等而倍受关注。微生物大量产生的多糖，易与菌体分离，可通过深层发酵实现工业化生产。微生物多糖已作为成膜剂、保鲜剂应用于食品、制药等多个领域。例如普鲁兰多糖因其无味、无嗅、无毒、可食用，良好的成膜性，以及优良的阻氧效果，可用于食品保鲜作用。从虾、蟹、昆虫等节肢动物的外壳及真菌、藻类等低等植物细胞壁中的甲壳素经酸化所得的含氮多糖类物质即壳聚糖，因其具有良好的成膜性与抑菌作用而应用于果蔬的保鲜。对柑橘、草莓、苹果、猕猴桃、黄瓜、青椒、番茄的保鲜试验可知，只需0.7%～2%的壳聚糖的溶液喷洒在果蔬的表面即可在果实表面形成一层薄膜，可阻止果实吸收O_2与CO_2的排出，从而延缓果实的熟化，达到保鲜的目的。

二、天然提取物质及仿生保鲜剂的保鲜研究

从天然物质中提取、确定、筛选出抑菌效果好，且具有互补效应的活性物质，与其他有效活性物质复配，使其既具有良好的成膜性，又有高效杀菌和吸收乙烯的功能，并能调节果蔬采后的生理代谢，在不同程度上延缓果蔬的衰老腐烂。

（一）天然提取物质及仿生保鲜剂的保鲜特点及保鲜方式

天然提取物质、仿生保鲜剂是从天然物质提取的生物活性物质，该物质能抑制果蔬表面微生物的活性，降低果蔬中酶的活力，所以能够减弱微生物活动对果蔬的影响，降低果蔬的生理活动强度，无毒无害，从而起到绿色保鲜的效果。天然提取物质应用的主要方式包括，提取物质浸蘸、熏蒸、喷洒、保鲜纸和涂膜剂等。

（二）利用天然提取物质及仿生保鲜剂保鲜的研究进展

1.中草药植物浸提液保鲜果蔬

利用天然中草药等具有抗菌活性的提取物对水果蔬菜进行处理，保鲜效果比较明显。中草药成分之间存在抗菌性的协同增效作用。

用百部、虎帐、良姜、黄连素等中草药进行超临界提取，提

取物配以淀粉、魔芋、卵磷脂等制成的中草药复合制剂，对果蔬具有较好的防腐保鲜作用。

研究人员从20余种具有抗菌作用的中草药中，筛选出5种能显著抑制果蔬常见病害霉菌生长的药种：大黄、白鲜皮、知母、按叶和茵香，用添加这些天然防腐剂的涂料对几种水果进行了保鲜贮存，保鲜效果明显优于多菌灵涂膜试样。

研究人员以具有优良防霉抑菌作用的几种天然中草药为原料，制成保鲜剂，并对河北水晶梨进行了贮藏保鲜试验。结果表明，这些中草药具有良好的保鲜效果，在室温下，样品生理变化推迟，能保持较好的鲜度，营养成分损失减少。

研究人员选用金银花、大黄、高良姜3种中草药提取液对黄瓜进行保鲜。结果表明，用这3种中草药提取液浸泡过的黄瓜，在感观品质、维生素C保存率、保水性方面都比空白组好得多。可见用中草药保鲜黄瓜有明显的效果，特别是用金银花−高良姜处理过的黄瓜，失水率小、维生素C损失少、保存时间较长、颜色保持得最好。

研究人员采用百部、良姜、虎杖、花椒、丁香和桂皮等中草药提取液处理荔枝，并结合使用乙烯吸收剂及聚乙烯塑料包装，可使荔枝常温保存10天，仍具有良好的风味。

在欧洲，有研究人员将肉桂应用在果蔬保鲜上。结果表明，用肉桂中提取出的肉桂酸喷雾处理，能够明显延长桃、柑橘、梨、苹果、李子、油桃，以及一些鲜切果蔬，如西红柿、芒果、甜瓜、柠檬等的保鲜货架期。

2.天然植物精油的防腐保鲜

食用香料植物之所以能防腐抑菌，真正起作用的是其活性物质精油。精油的抑菌活性可能是多种成分相互作用的结果，不是单一成分所能达到的作用。不同精油混合或一种精油与其他抗菌物质相混合可起到增效作用。研究证明，芥菜籽、丁香、桂皮、小豆蔻、芫荽籽、众香子和百里香等精油都有一定的防腐作用。

研究表明，2.5%大蒜汁、10%洋葱汁和40%生姜汁的混合液，对防治柑橘青霉病有较好的效果；锦橙果实接种柑橘青霉和绿霉后，用0.1%的香叶油和香茅油浸果，使其开始腐烂的时间推迟了4～6天；用体积分数为0.001的香茅醇，以及百里香酚、樟脑油和桉叶油混合液处理，可以控制洋葱鳞茎的黑霉病，能有效减少贮藏于室温下洋葱的腐烂和发芽，抑菌效果明显，尤其是大蒜汁，其抗真菌强度与化学防腐剂苯甲酸钠和山梨酸相当。

国外研究人员用薄荷、香叶醇等9种精油或单体对柑橘果实进行防腐试验，发现用体积分数为0.1%的香叶醇处理果实，可分别减少由 Penicillium digitatum，Diplodia 和 Alternaria 引起的腐烂发病率40%、60%和100%。

3.利用动物源提取物质防腐保鲜

研究人员从海洋贝类壳中提取一种天然保鲜剂OP-Ca，具有对多种细菌、霉菌、酵母的抑制作用。OP-Ca保鲜剂在中性和偏碱性条件下使用较理想，该保鲜剂具有一定的热稳定性。

用蜂胶提取液对苹果进行采后防腐处理，其抑菌效果远强于使用TBZ（苯并咪唑）、苯莱托（1-甲酰替正丁胺）和多菌灵等一般防腐处理药物，适用于苹果的采后防腐保鲜。

4.生物酶保鲜

生物酶保鲜主要是制造一种有利于食品保质的环境。它根据不同食品所含的酶的种类而选用不同的生物酶，使食品所含的不利于食品保质的酶受到抑制，最终达到食品保鲜的作用。

当前用于保鲜的生物酶种类主要有葡萄糖氧化酶和细胞壁溶解酶。在食品保鲜中抗氧化作用是关键，氧的存在会对脂肪性食品产生恶臭、醛、酮酸的气味，因此除氧是食品保鲜的必要条件。葡萄糖氧化酶具有对氧非常专一性的抗氧作用，由于其天然、无毒、无副作用目前已在食品和饮料工业中广泛应用。细胞壁溶解酶能对有害微生物的细胞壁产生破坏作用，从而抑制微生物的生长。

采用乳酸链球菌素nisin与复合生物酶对辣椒在常温下生物保鲜工艺进行了研究。结果表明，随着nisin与复合生物酶增加，酸含量和氨基酸含量都减少，pH值相对增加，能有效抑制辣椒的发酵，延长辣椒保质期。

三、基因工程技术保鲜果蔬的研究

基因工程技术保鲜将进行果蔬完熟基因、衰老调控基因、抗病基因、抗褐变基因和抗冷基因的转导研究，从基因工程角度解决产品的保鲜问题。

（一）基因工程技术保鲜果蔬的保鲜特点及保鲜方式

基因工程保鲜技术主要通过减少水果生理成熟期内源乙烯的生成、控制细胞壁降解酶的活性，以及延缓水果在后期成熟过程中的软化，来达到保鲜的目的。

（二）利用基因工程技术保鲜果蔬的研究进展

1.利用转基因技术抑制乙烯的生成

苹果、桃子、香蕉、番茄等有呼吸高峰期的水果，在成熟过程中会自动促进乙烯的释放，人们通过不同的途径来控制植物中乙烯的生成。目前，日本、美国、新加坡的研究人员从基因工程角度，利用基因替换技术，抑制乙烯的生物合成及积累，从而达到保鲜的目的。

美国科学家将氨基环丙烷羧酶（ACC）氧化酶的反义基因导入番茄，抑制了该酶的活性，从而延长了果实的贮藏寿命。另一些美国科学家还开创了另一种抑制番茄果实乙烯积累的方法。他们将假单胞菌的ACC脱氨酶和降解ACC形成α－酮丁酸基因转入番茄中，该基因在番茄果实中的超表达，抑制了90%～97%的乙烯产生量，使果实贮藏寿命延长36周。

日本科学家已找到产生乙烯的基因，如果关闭这种基因，就可减慢乙烯的释放速度，从而延缓果实的成熟和衰老速度，达到在室温下延长水果货架期的目的。

1995年，一些学者培育出一种抑制ACC合成酶的转基因番茄，使其货架期延长了30～40天。

新加坡国立大学的研究人员已经成功地修改了植物体内产生乙烯气体的基因。

2.利用转基因技术控制果蔬细胞壁降解酶的活性

研究认为，果实的软化及货架寿命与细胞壁降解酶的活性，尤其与多聚半乳糖醛酸酶和纤维素酶的活性密切相关，也受果胶降解酶活性的影响。目前，已经阐明编码细胞壁水解酶（如PG酶与纤维素酶）的基因表达，这些酶在调节细胞壁的结构方面发挥了重要的作用。

美国的科学家将多聚半乳糖醛酸酶（简称PG酶基因的反义基因导入番茄，使PG酶基因产生的mRNA与反义RNA结合，而不能编码正常的PG酶，番茄成熟变软的问题也就迎刃而解了。Calgene公司1989年获得了PG基因及其使用的专利，自1988年起，开始进行转基因番茄大田试验。美国联邦食品和药物管理局于1994年5月18日正式批准“FlaurSaur”可以上市，从此，在美国的蔬菜市场上，人们便可买到“转基因番茄”。

第三节 生物保鲜剂的未来发展展望

早在1996年美国农业局和新西兰园艺和食物研究所有限公司的科学家用一种有益真菌Trichoderma harzanium产生的抗霉成分6−PAP，即6−戊基−α−吡喃酮对猕猴桃的防霉进行了研究。

庞杰等人应用生物保鲜膜结合低温对龙眼进行贮藏保鲜的研究。结果提高了好果率，糖酸转换也变慢，并降低了呼吸强度，避免了营养成分的消耗，基本上防止了褐变，保持了原有风味和品质，可食性大大增强，延长了贮藏期和货架寿命。

普鲁兰多糖是出芽梗霉分泌产生的短梗霉多糖。普鲁兰多糖分子以β−1，6糖苷键连接而成，由于其具有极佳的成膜性、阻氧性和粘结性，并且具有无毒无害和无任何副作用等独特的物理化学和生物学特性，普鲁兰多糖在食品、医药、化妆品、印刷及农业等众多领域具有广泛的应用前景。

乳链菌肽能强烈抑制革兰氏阳性菌的生长，而对人体安全无毒。还连栋、陈秀珠、董可宁综述了乳链菌肽在热加工食品，如罐头食品、奶制品、高蛋白食品和乙醇饮料的保鲜应用。2000年还连栋等人研究了乳酸链球菌素在扒鸡中的应用，通过在扒鸡加工过程中添加天然食品防腐剂乳酸链球菌素，以降低其灭菌温度、改善扒鸡口感，试验结果令人满意。还连栋、陈秀珠等人综述了乳链菌肽在食品防腐中应用的新进展，在低酸性罐装蔬菜中加入乳链菌肽可控制嗜热腐败微生物的生长，乳链菌肽可有效抑制巴氏芽孢梭菌、软化芽孢杆菌和凝结芽孢杆菌。澳大利亚和英国所作的研究表明，乳链菌肽能抑制蜡状芽孢杆菌的生长，目前澳大利亚已允许使用乳链菌肽用于拷饼和高含水量的面食中。乳链菌肽作为天然防腐剂品，经中国科学院微生物研究所、浙江省天台制药厂银象分厂和中国食品发酵工业研究院通力合作，使该产品中试和应用获得成功，目前已批量生产，投放市场。

随着人们生活质量的提高，对果蔬的消费需求正由“数量消费”向“质量消费”转变，即要求新鲜、方便、营养、安全的洁净果蔬商品，果蔬的保鲜越来越受到社会的关注。

传统的果蔬保鲜技术耗资大，使果蔬采后的加工成本增加，从而提高了果蔬商品的销售价格，社会效益和经济效益低。

随着国际市场对农产品监测指标的逐步完善，果蔬产品要拿到国际市场的通行证，必须突破“绿色壁垒”，因此，应用新型的、无污染的、可降解的生物保鲜技术，将是人们研究的一个重要方向。

第七章 生物肥料概况

第一节 生物肥料应用简史

在罗马时代，农民就发现在前茬种植豆科作物的大田里种植谷类作物时，其产量有所提高，因此，就总结出细菌能增富农业土壤中的营养。直至19世纪，德国的苜蓿种植者和美国的一些大豆种植者，他们将苜蓿田或大豆田的土壤，转移接种至新的农田，从而使作物产量得到提高。1838年，法国农业化学家布森高（J.B.Boussingault）发现了豆科植物能固定氮，并于1843年建立了第一个农业试验站，对各种轮作制中作物产量和成分进行了较为精确的分析。1886－1888年德国科学家赫尔里格尔（H.Hellriegal）在沙培条件下证明，豆科植物只有形成根瘤菌才能固定大气中的氮。1888年荷兰学者贝叶林克（M.W.Beijerinck）分离了根瘤菌，这是微生物肥料方面的突破，现已证明那是根瘤菌的作用。这些细菌的发现，促使了第一家美国公司纳特尔公司于1898年生产和销售了土壤细菌接种剂。自此以后，就有诸多的细菌制剂用于土壤和农作物种子的拌种和包衣。

20世纪20年代，又有一些新的微生物制剂用于大田土壤和农作物，但效果不甚理想。20世纪40年代，美国农业部颁发了生物杀虫剂许可证，至今已有20多种不同的微生物产品为这一目的而使用。

1937年，苏联微生物学家克拉西尼科夫和密苏斯金研制了

"固氮菌剂"。从而开创了细菌肥料的先河，由于种种原因，这种微生物肥料都先后停止了大规模生产。1940年前后，亚洲研制了一种以蓝细菌（藻类）为主而用于稻田的生物肥料，现在其在持续农业中仍然发挥着巨大的作用。

我国自50年代从国外引进自生固氮菌、磷细菌和硅酸盐细菌制剂。从豆科植物上应用根瘤菌接种剂开始的，起初只有大豆和花生根瘤菌剂。60年代推广使用放线菌制成的"5406"抗生菌肥料和固氮蓝绿藻肥。70～80年代中期，开始研究VA菌根，以改善植物磷素营养条件和提高水分利用率。80年代中期至90年代，农业生产中又相继应用联合固氮菌和生物钾肥作为拌种剂。微生物肥料研制单位相继推出联合固氮菌肥、硅酸盐菌剂、光合细菌菌剂、PGPR制剂和有机物料（秸秆）腐熟剂等适应农业发展需求的新品种。

根瘤菌剂在世界范围得到推广和普及世界上许多国家，如美国、澳大利亚、新西兰、日本、意大利、奥地利、加拿大、法国、荷兰、芬兰、泰国、韩国、印度及非洲的一些国家，至少有70多个国家研究、生产和应用豆科根瘤菌，不仅面积不断扩大，而且应用的豆科植物种类繁多。不少国家在经历一段时间的混乱后，逐步认识到加强根瘤菌肥料质量管理的重要性，并制定了相应的标准。

另外，固氮细菌、解磷细菌和解钾细菌等的研究除根瘤菌以外，许多国家在其他一些有益微生物的研究和应用方面也做了大量的工作。前苏联及东欧一些国家的科研人员进行了固氮菌肥料和磷细菌肥料的研究和应用，所用的菌种为圆褐固氮菌和巨大芽孢杆菌。他们和前捷克斯洛伐克、英格兰及印度的研究固氮菌的工作者证实，这类细菌能分泌生长物质和一种抗真菌的抗生素，能促进种子发芽和作物根部的生长。20世纪70年代末和80年代初，一些国家对固氮细菌和解磷细菌进行了田间试验，结果各异，对其作用还有相当大的争议。但在固氮螺菌与禾本科作物联合共生的研究中取得了一定的进展，在许多国家作为接种剂使用。总结20年来世界上一些国家的田间试验数据表明，固氮螺菌接种在土壤和气候不同的地区可以提高作物的产量，在60%～70%的试验中可增产5%～30%。它们促进生长的主要机制是能生产促进作物生长的物质，能促进根毛的密度和长度，侧根出现的频率及根的表面积。固氮菌在一些国家的使用效果如下：①美国。1975—1984年在佛罗里达州研究表明，施用固氮螺菌每年大约固氮2.6千克／亩（1亩=1／15公顷），在玉米中施用有的增产显著，达10%～20%，而有的差异不显著，接种未见产量有明显改变。目前，有一家公司推出了一种接种剂“Azo—Gree”，用于禾本科作物。②印度。20世纪80年代，在11个中心进行了许多接种试验。接种剂由德里的一个实验室提供，开始时活菌数为每克1.5×10^8个，9个月后变成10^9个，种子用糊浆法接种，用羧甲基纤维作黏着剂。多点试验结果表明，在不同作物和农业条件下，增产15%～19%，高粱、珍珠米等反应明显。在接种谷子、高粱的试验中，有50%获得显著增产。③以色列。1979—1986年，在40个点上对玉米、小麦、高粱等进行接种试验，每粒种子接种量为10个，增产15%～20%。在夏播作物接种试验中，75%获得增产的结果；而冬小麦接种试验中，只有50%增产，增幅为5%～12%。综上可以看出，微生物肥料的功效已得到人们的承认，但它在生产中的效果还不是很稳定，这限制了它的进一步推广和普及，这是由于微生物肥料的作用受许多条件制约，对一些制约因素如果不清楚或根本不了解，好的应用效果就无从谈起。如微生物和寄主之间的关系，品种专性和光谱性机制；制品中微生物进入土壤后的制约因素，同类微生物的竞争等，这在根瘤菌肥料中尤为重要；再有接种剂细菌在载体上的存活，在种子上的存活，在根际的定植，引起植物反应的程度，及其应用方法等方面，都需要进行广泛的研究，为微生物肥料的应用打下坚实的理论基础，使微生物肥料得到广泛的应用。这是由于当前世界人口猛增，社会对粮食和肥料的需求日益迫切。然而作为化肥生产原料和能源的石油资源有限，依赖有限资源终难以维持农业的持续发展。而今后农业的发展方向是可持续农业，因此就要发展生物肥料。微生物肥料不仅可补充肥源的不足，而且有可能列为绿色食品进入商品市场，成为新兴的“绿色产业”。

不管生物肥料的历史如何，微生物制剂仍继续向前发展。自20世纪80年代开始，人们以极大的精力关注着用于环境和农作物的生物肥料，其原因是这类产品能有效地解决存在的一些问题，特别是无公害和消除环境的污染。因此，要研制出一种既具有肥料功能，又具有消除环境污染的能力，就十分困难。其难点在于：①一种微生物具有提供植物营养功能（如固氮基因等），但不一定能具有分解污染的能力（即分解物质的基因）。要实行基因转移十分困难，还需要巨大的投资。②土壤污染种类很多，现已有105种以上的物质对环境造成了污染。这些污染物结构和化学成分各不相同，所以不可能用105种微生物混合一起来做成制剂，基因转移更难以达到。③生物杀虫剂和生物除莠剂等的原理和菌种差异十分巨大，原则上为一菌一用途。所以只能制成单一的菌剂，而且发挥作用的时间较长。④生物肥料中的菌剂有些不是典型的土壤微生物，当其制成菌剂施入土壤后难以成活，而且在使用前通常也只能保持3个月的货架期。

第二节 生物肥料来源与分类

肥料是施于土壤或植物的地上部分，能改善植物的营养状况，提高作物产量和品质，改良土壤性质，预防植物生理性病害。或者说“肥料是直接或间接供给作物所需养分，改善土壤现状，提高作物产量和品质的物质”。植物体内矿质元素种类很多，健全植物体内可检出70多种。但其中植物所必须的矿质元素有氮、磷、钾“三要素”，钙、镁、硫“三中素”和硼、锰、锌、铜、钼、铁、氯“七微素”13种。再加上空气和水提供的碳、氢、氧“三大素”共16种元素是植物必不可缺少的。由于碳、氢、氧存在于空气和水中，并不需要人工去补充，所以简单的说，肥料就是为植物补充前面所说的13种元素为主。

主要的分类方式有以下几种：按含养分多少可分为单质肥料、复合（混）肥料、完全肥料三种；按作用可分为直接肥料、间接肥料、刺激肥料三种；按肥效快慢可分为速效肥料、缓控肥料两种；按形态可分为固体肥料、液体肥料、气体肥料、光肥、电肥、磁肥、声肥七种；按作物对营养元素的需要可分为大量元素肥料、中量元素肥料、微量元素肥料三种；按化学成分、生物活性、作用效果可分为有机肥料、无机肥料、生物肥料三种。

下面以化学成分、生物活性、作用效果的分类方法，具体介绍一下肥料的详细肥料种类。

一、无机肥料

无机肥料是指工厂制造或自然资源开采后经过加工的各种商品肥料，或是作为肥料用的工厂的副产品，是不包含有机物的各种矿质肥料的总称。在农作物生长发育所必不可缺少的16个元素中，碳、氢、氧三大元素由大气中源源不断供给而不需要人为的多去施用，共占作物体干重的95%以上，而需要人为大量施入和大量提供的无机物矿质元素占植物总量的4%～5%。

（一）无机物矿质元素种类

1．氮、磷、钾“三要素”（约占2.75%）

氮的需要量约占1.55%，它是促进叶片生长的主要元素，缺氮将影响到叶片的光合作用及蛋白质和碳水化合物的合成，最终导致农作物产量下降。

磷的需要量约占0.2%，它是保证结果、结籽作物生长出好产品的主要元素。常见到的小麦长势很好，但籽粒不饱，产量不高的现象，是缺磷所致。

钾的需要量约占1%，它是保证作物茎秆生长的元素，施用钾素，可以增强作物的抗倒伏性和抗旱性，并提高农作物产品的含糖量，瓜果类作物增施钾素可以提高瓜果的品质。

2．钙、镁、硫“三中素”（约占0.8%）

钙的需要量约占0.5%，它是细胞壁的组成成分，主要作用是促使长根和抑制根病的发生。缺少钙元素，就能影响细胞的伸长而影响生长发育。如我们常见到只长茎蔓不结红薯，就是缺钙或氮多抑制钙或钾的吸收所致。

镁需要量约占0.2%，镁元素是农作物生长发育的一主要元素。缺镁，作物生长缓慢，就会出现小老苗现象。

硫需要量约占0.1%，硫能促进叶绿素的形成；硫参与固氮过程，提高肥料利用率；十字花科中油菜、花生的丙烯芥子油，百合科葱、蒜中所含的蒜油等硫酯化合物在人体营养和医药方面有特殊的功效，提高这类作物的品质。

3．硼、锰、锌、铜、钼、铁、氯“七微素”（约占0.03%）

作物所需要的七微素用量极微，而且过量还会有毒害。虽然一般各占植物干重的0.00001%～0.001%，但也缺乏不得。例如，缺铁则叶绿素不能合成，缺硼会出现“花而不实”现象，缺钼豆科的固氮作用降低、其他作物抗旱抗寒能力下降等。

（二）无机肥料种类

1. 氮肥

氮素分为铵态氮、硝态氮、酰胺态氮三种，它们性质有明显的区别，施肥方法也不尽相同。

（1）铵态氮（即氮素以NH_4^+或NH_3的形成存在，如氨水、硫酸铵、碳酸氢铵、氯化铵）易被土壤吸附，流失较少，在旱地和水田都适用，且既可做基肥又可作为追肥。

（2）硝态氮（即氮素以NO_3-N的形态存在，如硝酸钠、硝酸钙、硝酸铵）不能为土壤所吸附，施入土壤后，只能溶于土壤溶液中，随土壤水移动而移动，灌溉或降雨时易淋失，并且在水稻田中经常发生反硝化作用，从而丧失肥效。因此，不宜在水田使用，只适用于旱地，而且一般只适宜做追肥，不适宜做基肥。

（3）酰胺态氮（即氮素以$-CO-NH_2$的形态存在或水解后能生成酰胺基的氮肥，如尿素、氰氨化钙）适宜于各种土壤和作物，既可做基肥，也可做追肥。

2. 磷肥

有效磷（中性柠檬酸铵溶性磷）分为水溶性磷、枸溶性磷（也称为EDTA溶性磷）、难溶性磷3种，水溶性磷肥效快，适用于各种作物各种土壤，既可以做基肥，又可做追肥。枸溶性磷也称为弱酸溶性磷肥，适宜于中性或酸性土壤上施用，在石灰性土壤上施用效果较差，一般只做基肥，难溶性磷的溶解度低，只能溶于强酸，因此只在土壤酸度和作物根的作用下，才可逐渐溶解为作物吸收，但过程十分缓慢。

3. 钾肥

钾肥主要有硫酸钾、氯化钾、碳酸钾，其中硫酸钾和碳酸钾适用于各种作物和土壤，而氯化钾不宜在忌氯作物和盐渍土壤上施用。

4．主要的微量元素肥料

我国推广或将要应用的微肥有：硼肥、钼肥、锌肥、铜肥、锰肥、铁肥。它们在农作物、林木、牧草、果树、蔬菜上施用，均有相互不能代替的作用。针对缺素土壤和敏感植物施用微肥，增产效果十分显著。

5．稀土元素肥料

稀土元素是位于化学元素周期表中ⅢB族中的一组元素，包括钪、钇和镧系的15个元素，共17个元素，实验表明，稀土对油料、瓜果、蔬菜等10余种作物有良好的作用，它可以促进种子萌发，增强根系活力，提高光合强度，增强作物抗寒和抗病性等。

6．无机复合肥料

无机复合肥料是指含有两种或三种重要植物营养元素N、P或N、P、K的肥料的总称。复合肥料中含N、P或N、K两种主要营养元素的称为二元复合肥。含N、P、K三种元素的称为三元复合肥。有的复合肥料除含N、P、K主要元素外，还含有多种微量元素，这种含有多种微量元素的复合肥料称为多元复合肥料。三元复合肥料的成分以含（$N-P_2O_5-K_2O$)%的总量来表示，但其每种养分最低不少于4%，一般总含量在25%～60%范围内。总含量在25%～30%的为低浓度复合肥，30%～40%的为中浓度复合肥，大于40%的为高浓度复合肥。

复合肥外观一般为颗粒状，由于生产工艺的不同，颜色也不尽一样，主要原料有硫酸铵、硝酸铵、碳酸铵、氯化铵、尿素、硫酸钾、氯化钾、磷铵等等。

目前我国生产工艺有：喷浆造粒、高塔造粒等。

高塔熔体旋转造粒法生产高浓度硝基复合肥。该技术系将硝尿磷钾熔体从造粒塔顶喷出，在塔内降落过程中边冷却边团聚成粒，这也叫熔融造粒法。在硝铵生产企业采用高塔熔融造粒法生产复合肥有如下好处：一是可直接利用硝铵浓溶液，省去了硝铵浓溶液的喷浆造粒过程，以及固体硝铵制复混肥料时的破碎操作，简化了生产流程，确保了生产安全。二是熔体旋转造粒工艺充分利用了硝铵浓溶液的热能，物料水分含量很低，无需干燥过程，大大节省能耗。三是可以生产出高氮、高浓度的复合肥，产品颗粒表面光滑圆润，合格率百分比很高，不易结块，易溶解，这就从生产技术方面确保产品在质量上和成本上具有很强的竞争优势。

复合肥优点：

①养分含量高，主要营养元素多。复合肥的养分总量一般比较高，营养元素种类较多，一次施用复合肥，至少同时可供应作物两种以上的主要营养元素。

②副成分少，结构均匀。例如磷酸铵不含任何无用的副成分，其阴、阳离子均为作物吸收的主要营养元素。这种肥料养分分布比较均一，在造成颗粒后与粉状或结晶状的单元肥料相比，结构紧密，养分释放均匀，肥效稳而长。由于副成分少，对土壤不利影响小。

③物理性状好。复合肥一般多制成颗粒，吸湿性小，不易结块，便于贮存和施用，特别便于机械化施肥。

④节省贮运费用和包装材料。由于复合肥中副成分少，有效成分含量一般比单元肥料高，所以能节省包装及贮存运输费用。例如，每贮运1吨磷酸铵，约等于贮运过磷酸钙及硫酸铵共4吨。

复合肥缺点：

①养分的比例固定，难以满足各类土壤和各种作物的需要。

②各种养分在土壤中运动速率各不相同，被保持和流失的程度不同，因而在施用时间和施肥位置等方面很难满足施肥技术上的要求。

无机肥料的特性及施用：

①化肥一般不含有机质，只能供给作物养分，改土培肥作用较差。

②所含养分种类比较单一，但养分含量高。

③化肥（特别是N肥）肥效快，肥劲猛，但有效作用时间短，肥效不能持久。

④化肥容易挥发、流失、淋洗或被土壤固定造成损失，利用率较低。在施用化肥时要因时因地因肥制宜，在土壤酸性条件下，作物吸收阴离子多于阳离子，土壤碱性条件下正好相反，南方的土壤呈中性或偏酸性，在酸性土壤上硫表现短缺，而铁、锰、锌、铜、钴有效含量较多，当pH小于5过酸时，铁离子过多，往往会造成毒害，铝离子也会游离出来，还会使土壤中的磷难以利用，植物细胞内外的磷也会变为沉淀。其他的有效性方面钾、钙、镁含量急剧减少。故酸性土壤应施有机质和碱性或生理碱性的肥料。例如磷肥选用施钙镁磷肥可提高肥效。当pH6～8时土壤中有效氮含量最多，pH6～7.5时磷的有效性较高，pH7.5以上的石灰性土壤中，可使水溶性磷转变为难溶性磷，难溶性磷变得更加难溶，并且影响硼的有效性，但有效铜的含量增加。故石灰性土壤应施酸性或生理酸性肥料，所以生产上应根据作物需求和肥料特点有针对性的施肥。

二、有机肥料

有机肥也称农家肥，是指有机质含量较高的一类肥料，是一种速效性缓效性兼有的肥料，也基本上是一种完全肥料。一般做基肥施用，适用于各类土壤和各种作物。既可作为基肥，又可作为追肥。可直接用于改良土壤，提高有机质的含量，增加土壤的保肥保水能力。主要作用有以下四个方面：

①植物矿质营养的主要来源。

②能为植物提供有机养分(如氨基酸、抗生素、维生素等)。

③在微生物的分解中能生新合成腐殖质，改善土壤理化生物性状和保水保肥、供水供肥能力。

④活化土壤中的缓效性或难溶性养分。其四个特点是：a.有机质含量多，有显著的改土培肥作用。b.所含养分种类全面，但含量低，肥劲小。c.供肥时间长，肥效慢而持久。d.能与土壤充分融合，形成有机复合体，故损失少，利用率高。可以概括的几句话是：“有机肥料速缓性，各类土壤都适用；少质土壤增团料，黏质土壤改耕性，水肥气热能协调，供肥水水可提高；有机无机配合施，改善品质产量高”。

有机肥料的优点是养分全、肥效长，能有效改善作物品质并能有效改良土壤；缺点是含量低，肥力不足。

有机-无机复混肥料就是结合有机肥料和无机肥料的优点而开发的新型绿色环保肥料品种。此类具有有机肥料和无机肥料的优点，同时又克服有机肥料和无机肥料的缺点，代表了复合肥料发展的新方向。

三、生物肥料

生物肥料狭义的理解是指微生物肥料，而广义的理解是指利用生物技术制造的对农作物有特定肥效的生物制剂。微生物肥料，是一类含有活体微生物的特定制品，应用于农业生产中，能够获得特定的肥料效果。在这种效果的产生中，制品中的活体微生物起关键作用，符合上述定义的制品均应归入微生物肥料(陈华癸教授，华中农业大学)。

生物肥料的种类很多，主要分类方式如下：

①按其所含的微生物可分为细菌性肥料（如根瘤菌）、真菌类肥料（如5406菌肥）等。

②按其作用机理，可分为根瘤菌类肥料、固氮菌类肥料、解磷类肥料、解钾菌类肥料等。

③按其制品中所含菌的种类，可分为单一菌类肥料、复合菌类肥料、解钾菌类肥料等。

生物肥料与化学肥料、有机肥料一样也是农业生产上常用的一种肥料。随着化肥和农药使用量的日益增加，农产品产量不断上新台阶，但同时也伴随着土壤结构破坏，土壤肥力降低，农业污染越来越严重的社会现实。为解决这种矛盾，从未来绿色农业、无公害农业的发展趋势看，没有环境污染的无公害肥料——生物肥料，将会在未来农业生产上起到非常重要的作用。

而将微生物和有机物（畜禽粪便、草炭等）或微生物与无机肥料混合，经过加工制成的用于底肥、追肥，且使用量较大的称为有机无机微生物复合肥料。

第三节　发展微生物肥料的必要性

首先，化肥使用量逐年增加，化肥利用率和增产效益下降，我国单位面积施用化肥量是日本的2倍，美国的2.4倍，加拿大的4.4倍，澳大利亚的8.2倍，俄罗斯的9.0倍，化肥利用率仅为30%，应用化肥引起水质和环境污染。其次，土壤肥力下降，土壤退化荒漠化逐渐加剧，土壤生态环境恶化，土壤生态功能下降。最后，中国化学肥料资源严重不足，这对农业的可持续发展构成了严重的挑战。

微生物肥料在绿色有机食品生产、农业生态环境保护以及高产、优质、高效农业的持续发展中发挥着重要作用。目前，微生物肥料逐步成为中国国家生态示范区、绿色和有机农产品基地等肥料的主力军，正在农业生产中发挥着越来越明显的经济效益、社会效益和生态效益。

第四节 微生物肥料的主要功效与机理

一、提高化肥的利用率，增加土壤肥力，促进植物对营养元素的吸收

①氮磷钾大量元素营养：根瘤菌、自生和联合固氮菌；硅酸盐细菌的解钾作用。

②土壤中大量微生物的活动使土壤有机质转化形成腐殖质，促进土壤团粒结构的形成，提高土壤肥力，改善土壤理化性状，增强土壤保肥、保水能力，从而提高作物的产量和品质。

二、分泌多种生理活性物质刺激调节植物生长

大量研究表明，微生物活动产生的植物生长调节物质以及维生素都不同程度地刺激和调节植物的生长。

1.促进分泌植物激素

能够明显促进植物体产生如生长素、赤霉素、脱落酸、乙烯和酚类物质等等的植物激素。

2.产生多种酸类物质

这些酸类物质，尤其是其中的各种有机酸是植物生长过程中所必需的生长因子及辅助生长因子。

三、对有害微生物起到生物防治作用

通过在植物根际大量生长繁殖成为作物根际的优势菌，与病原微生物争夺营养物质，在空间上限制其他病原微生物的繁殖机会，对病原微生物起到挤压、抑制作用，从而减轻病害。这类微生物也叫做根圈促生细菌（PGPR）。

四、提高植物抗病和抗逆的能力，促进植物生长

①产生的多种有益物质（如抗生素、酶、蛋白质和氨基酸等）及菌体群落优势，显著提高植物体的抗病能力。

②提高植物的抗逆性：由于微生物肥料的施用，其所含的菌种能诱导作物产生超氧化物歧化酶，在植物受到病害、虫害、干旱、衰老等逆境时，消除因逆境而产生的自由基来提高作物的抗逆性，减轻病害。

第五节 微生物肥料的种类

按作用机理，微生物肥料分为：

一、固氮菌类肥料（根瘤菌肥料、自生固氮菌肥、固氮蓝藻等）

利用微生物将空气中的氮气转化成铵的一类微生物肥料。主要使用菌种包括共生固氮菌和自生固氮菌两大类微生物。由于其在微生物肥料中，起着重要的作用。因此，它的作用原理将在后面的章节中进行重点介绍。

目前，用于生产此类微生物肥料的菌种主要有：①自生固氮菌：主要是圆褐固氮菌或称为褐球固氮菌（Azotobacter chroococum），棕色固氮菌亦称维涅兰德固氮菌（Azotobacter chroococum），德氏拜叶林克氏固氮菌（Beijerinckia derxii）和克氏杆菌属（Klebsiella spp.）、肠道杆菌属（Enterobacter spp.）及产碱杆菌属（Alcaligenes spp.）中的某些菌。②共生固氮菌主要是根瘤菌属（Rhizobium）的细菌与豆科植物共生形成的根瘤共生体，弗氏菌属（Frankia）与非豆科植物共生形成

的根瘤共生体；某些蓝细菌与植物共生形成的共生体，如念珠藻或鱼腥藻与裸子植物苏铁共生形成苏铁共生体，红萍与鱼腥藻形成的红萍共生体等。

二、 解磷菌类肥料

磷素是作物生长发育所必需的营养元素之一。虽然土壤中磷含量很高，但能被植物吸收利用的有效态无机磷却很低，土壤中绝大部分磷为无效磷。磷是许多发展中国家农业生产重要的限制因素，提高土壤中磷的利用效率将具有战略性意义。

解磷微生物肥料：能分解土壤中难溶态磷的细菌制成的解磷细菌肥料，使解磷细菌在作物根际形成一个磷素供应较为充分的微区。

解磷微生物溶解难溶性磷化物的机制可归结为以下几类：

①通过生命代谢活动产生有机酸(细菌一般分泌乳酸、氨基酸、草酸、延胡索酸、琥珀酸和柠檬酸等，真菌主要分泌草酸、丙二酸和乳酸等)，这些酸一方面直接溶解土壤中难溶性磷酸盐，另一方面则是通过螯合作用释放出土壤磷素。

②通过NH^+同化作用放出质子降低pH，引起磷酸盐溶解。

③通过呼吸作用放出CO_2，降低环境pH，从而引起磷酸盐的溶解。

④磷细菌释放H_2S，与磷酸铁进行化学反应产生硫酸亚铁和可溶性磷酸盐。

⑤腐解植物残体而产生胡敏酸和富里酸。这两种酸能与复合磷酸盐中的钙、铁螯合，从而释放出磷酸根。它们也能与铁、铝及磷酸盐形成稳定的可溶性复合物，这些复合物可以被植物吸收利用。

⑥微生物对钙离子的吸收、使磷酸根离子进入土壤溶液。

⑦生物矿化作用。即通过分泌植酸酶、核酸酶和磷酸酶物

质，将磷酸脂等有机磷降解。

目前，主要的解磷微生物有：解磷细菌：芽孢杆菌属（Bacillus）、欧文氏菌属（Erwinia）、假单孢菌属（Pseudomonas）、土壤杆菌属（Agrobacterium）、沙雷氏菌属（Serratia）、黄杆菌属（Flavobacterium）、肠细菌属（Enterbacter）；解磷真菌：青霉属（Penicillium）、曲霉属（Aspergillus）、根霉属（Rhizopus）、镰刀菌属（Fusarium）、AM菌根菌。使用较多主要是巨大芽孢杆菌（Bacillus megatherium var.phosphaticum）。其主要特征是：

①菌体形态特征：此菌的菌体巨大，因而拉丁文学名称其为巨大芽孢杆菌。

②芽孢形态特征：有大芽孢，椭圆形偏端或中位；孢囊多为背端生，芽孢内不着色，无色；成熟孢囊不膨大。

③菌落形态特征：在专用培养基上菌落圆形，有同心圈，表面光滑；菌落不透明，由灰白色变棕黄色，边缘整齐；菌落扁平，微隆起微皱褶。

④生理生化特征：革兰氏染色阳性；在肉汤培养基中生长很快，有较强分解核酸和卵磷脂的能力，也能从难溶的无机磷灰石中释放出正磷酸盐。

三、解钾菌类肥料（硅酸盐细菌）

解钾菌类肥料（硅酸盐细菌），含有能够促进植物对钾吸收的微生物的一类微生物肥料。解钾细菌具有荚膜，为多糖类物质，促进土壤微团聚体的形成。解钾细菌还能将土壤中的无效磷转化为有效磷，并有微弱的固氮能力。

四、抗生菌肥料

抗生菌肥料含有能产生抗生素及类似物质的微生物的一大类

微生物肥料。如抗生菌肥5406等。5406菌肥，又称放线菌肥料，是在放线菌肥料研制之初以“5406”号放线菌为主要菌种加入到载体之中制成，所以称为5406菌肥，简称“5406”。

1.5406 泾阳链霉菌的生物学特性

菌落圆形、凸起，开始生长时浅黄色至淡红色。气生菌丝粉白色，上面生满成串孢子呈粉红色，最适宜生长温度为26～32℃。

2.5406菌肥作用机理

①抗生菌肥5406分泌抗生素，对植物病原真菌、寄生细菌有很好的拮抗作用。抑制有害微生物，增加了根际微生物的生理活性。

②刺激与调节作物生长：分泌多种不同类型的刺激素。

③转化土壤和肥料的营养元素：将不能吸收利用的N、P、K转化为可利用状态，可提高水解N、速效P和速效K的含量。

④促进农作物对养分的吸收，提高对纤维素的分界能力，加强对有机质的分解；改善土壤物理性能；施用后，P提高60%～70%；土壤团粒结构增加，通气性好。

五、堆肥菌剂和发酵菌剂

堆肥菌剂和发酵菌剂，用于发酵有机肥的微生物制剂。

山西博亚方舟生物科技有限公司发酵剂是微生物专利（201010540192.7)，经过多年研究、试验而成的最新成果。本品中含有的微生物全部是采用农业部菌种保藏中心严格筛选的丝状真菌、霉菌及酵素菌等10多种微生物通过特殊的发酵工艺复合而成的微生物制剂。本品能够快速分解畜禽类粪便的蛋白质，分解粗纤维能力极强，同时能够达到升温快、除臭效果好。

执行标准：GB 20287—2006

有效成分：有效活菌数≥10亿/克

功能与特点：①适用对象：猪、鸡、鸭、羊等畜禽类粪便（包括厩肥），食用菌下脚料，城市生活垃圾等。②适用范围：大型有机肥厂、大型养殖厂及农场。③起温快，环境温度零下20℃以上，48小时温度升至55℃以上。可充分分解畜禽类粪便中产生臭味的有机硫化物、有机氮化物等。在充分搅拌均匀后，2～3天即可消除臭味。④堆肥周期短，10～15天完全腐熟。⑤堆肥高温持久，能杀灭发酵物中的病菌、虫卵、杂草种子。⑥堆肥总养分损失少，腐殖质含量高，钾素含量增高明显。

使用方法：每千克专用发酵剂可处理畜禽粪便2000千克，使用时将1千克专用发酵剂与2000千克物料混合均匀，均匀掺入发酵物中。

注意事项：①本品第一次发酵，发酵剂必须与发酵物搅拌均匀。②本品必须存放于通风、阴凉、干燥处。③使用时要注意避免阳光直射，一旦开封，请尽快用完。④切勿同杀菌剂同时混合使用。

六、复合微生物肥料

复合微生物肥料，多种对植物生长有益的微生物混合制剂。

（一）复和微生物菌肥的种类

1. 两种以上生物菌复合

由两种或两种以上的微生物复合而成。它们可以是同一个微生物菌种，也可以是不同的微生物菌种，如解磷微生物和解钾微生物分别发酵，吸附时混合，以增强其接种效果。应用的前提是所采用的两种或两种以上的微生物之间无拮抗作用，而且必须分别发酵然后混合。总的活菌数和复合的微生物均应保证一定的数量。菌加菌的复合微生物肥料，系由2种或2种以上的微生物复合而成，其目的是为了充分发挥各自的作用而组合的。

2.菌与各种营养元素或添加物、增效剂的复合

采用的复配方式为菌加大量元素；菌加一定量的微量元素；菌加一定量的稀土元素；菌加一定量的植物生长激素；甚至有菌加大量元素、微量元素、其他营养、刺激物质等。复配的营养物质除了化学肥料之类以外，常见的还有用畜禽粪便、生活垃圾、河湖污泥作为主要基质的。无论哪一种方式，必须考虑到复合物的量，复和后制剂中的pH和盐浓度对微生物有无抑制或复合本身可能抑制微生物的存活。

（二）复合微生物肥料的功能特点

1.活化土壤，提高土壤肥力

复合微生物肥料含有大量有益微生物，能分解有机残体，形成土壤腐殖质，改善土壤结构和理化性状，可将植物不能吸收的物质转化为有效养分，供植物吸收利用。肥料进入土壤后，微生物在有机质、无机营养元素、水分、温度的协助下大量繁殖，减少了有害微生物群体的生存空间，从而增加了土壤有益微生物菌的数量，微生物菌产生大量的有机酸可以把多年沉积在土壤中的磷钾元素部分溶解释放出来供作物再次吸收利用，长期使用后土壤将会变得越来越疏松和肥沃。

2.抑制病害，增强抗逆性

复合微生物肥料施入土壤后，放线菌能释放抗生素类物质，有利于消灭病原微生物。有益微生物在植物根系周围形成优势菌群，使病原微生物难以繁殖。复合生物菌可诱导植物的过氧化物酶、多酚氧化酶、葡聚糖酶等参与植物对有害微生物的防御反应。施用复合微生物肥料，作物生长健壮，增强作物抗病能力。

3.促进生长，增产增收

复合微生物肥料施入土壤后，有益微生物在土壤中迅速繁殖，会产生多种对作物有益的代谢产物。这些代谢产物可刺激或调控作物生长，使作物健壮，达到增产目的。不仅给作物生长提供所需的NPK和中微量元素外，还能为作物提供有机质和有益微生物活性菌。除此之外，微生物肥料中的一些菌种还可以分泌一些刺激素维生素等以刺激作物生长，使作物健壮，营养状况得到改善。

4.提高品质，改善口感

复合微生物肥料改善作物的营养供应，特别是增加了有机质、腐殖酸、氨基酸等有机营养，有利于作物糖分的积累，提高产品的含糖量，解决了偏施化肥所造成的“菜不香、果不甜”的难题。施用复合微生物肥料可降低农产品中的硝酸盐含量，增加还原糖和维生素C的含量。

5.节约能源，降低污染

大量施用化肥、农药，使土壤受到不同程度的污染，产生一定的毒性。生长在受污染土壤的作物，除了造成生长障碍外，其产品还会对人类带来危害。消除土壤污染是环境治理的重要内容。复合微生物肥料的肥效持续时间长，可以减少化肥的施用量，并且它本身无毒无害。复合微生物肥料具有降解和转化土壤中有毒物质的能力。这种生物修复是土壤修复的各种措施中最经济有效的措施。

（三）复合微生物肥料的生产

1.复合微生物肥料的组成

复合微生物肥料是无机营养元素、有机质和微生物活性菌“三效合一”的新型微生物肥料，根据含量不同，可以单独使用或者和化学肥料混合使用。

（1）无机营养元素

包括作物生长所需NPK以及中微量元素，NPK含量在6%～35%，用于生产复合微生物肥料的原料有尿素、硫酸铵、氯化铵、硝铵磷、磷酸铵、硫酸钾、氯化钾、硝酸钾、硫酸镁、硫酸锌、硼砂等。

（2）有机质的选择和要求

目前常用的有机质原料有腐殖酸粉、工业发酵副产物、饼肥、藻肥、畜禽粪和秸秆堆沤发酵物料等，可根据当地的原料情况选择一种和多种有机质。特别要强调的是饼肥和畜禽粪肥，如果堆沤发酵不彻底，使用后会出现烧苗、死苗现象，不仅不能增产，反而会减产，如果畜禽粪肥发酵不好，粪肥中含有大量的有害微生物菌，会给土壤造成二次污染。因此优质有机质原料必需具备作物可利用的营养物质含量高、营养搭配合理、充分腐熟、杂菌数量少以及有机质含量高等基本条件。

（3）微生物菌的选用

选用的微生物菌必须是农业部已登记的菌种。目前，微生物菌在肥料上应用已从单一功能向多功能方向发展，选择一菌多功能，复合菌多功能的使用效果较好。选择微生物菌时，在考虑其功能特点的同时，必需考虑所使用的微生物菌的抗逆性，即选择抗高温、抗干燥、抗酸碱、抗盐分能力强的微生物菌种，这是复合微生物肥料产业化的关键因素。有些菌种在实验室条件下其功能表现优异，但在肥料生产或保存过程中大量死亡，存活率低，使用后难以达到预期的效果，因此在选择微生物菌时应从功能的特点和抗逆性综合考虑选择，其综合指标高的菌株才是优秀的复合微生物肥料生产和应用的菌种。

2.复合微生物肥料的生产

（1）生产设计方案

①NPK含量。根据农作物种类、需肥量、施肥习惯等因素，可设计生产NPK含量在6%～35%范围的复合微生物肥料，在复合微生物肥料的肥效作用中，NPK对作物的产量起着主导作用，有机质、微生物菌在作物的抗逆力、产品品质、化学肥料的吸收利用、生长的土壤环境起到提高、促进和改良作用。

②肥效缓释性与有机质含量。复合微生物肥料的肥效具有较

好的缓释功效，化学肥料的释放与有机质的含量、种类和细度、生产过程中化学肥料的溶解和吸附络合程度存在着密切的关系。因此，应根据作物的生育期、吸肥规律、土壤类型、降雨量等因素，调配有机质的含量和营养配比，生产出养分释放与作物的吸肥规律保持一致水平的复合微生物肥料，其肥效达到最大化，有效地提高化学肥料的利用率，提高农作物的产量和品质，改良土壤的环境。

③微生物菌种的加入方式。微生物菌种加入方式有微生物菌与有机、无机原料混合造粒和造粒后喷涂微生物菌两种方式。而有的企业还采用造粒后与微生物菌隔开包装，使用前混拌方式。严格说这种方式不属于复合微生物肥料。

目前生产中绝大部分企业采用微生物菌混合造粒生产复合微生物肥料，但这种方式存在着微生物菌受高温、盐分、干燥等因素的影响，微生物菌死亡率较高，存活率低于70%，有的甚至低于40%，这将严重影响到微生物菌的功效；而喷涂方式微生物菌存活率较高，但目前生产中应用较少，笔者对颗粒肥料进行三层喷涂试验，第一层为隔离层，防止化学肥料向外渗透，第二层为功能层（微生物菌+少量的营养物质），第三层为外包层，生产过程中采用60℃以下低温风干，微生物菌存活率高达95%以上，考虑生产过程中微生物菌的损耗，微生物菌喷涂前后变化不大，这是一种比较好的方法，不仅解决了微生物菌的存活率问题，而且还解决了肥料的结块问题，但工厂生产工艺需进一步研究。

（2）复合微生物肥料生产工艺

单一菌种培养—复合菌剂—加有机物或无机肥—复合菌肥。

（3）复合微生物肥料的生产

对所用无机、有机原料的养分含量、水分进行检测，有机原料细度应达到60目以上，根据所测数据计算各原料投入量，如果用尿素（46%N）、磷酸一铵（11%N，44%P_2O_5）、硫酸钾

（50%K）、硫酸铵（24%N）、腐殖酸粉（45%的有机质、含水量15%）、微生物菌粉（50亿/克）生产20%NPK（10：5：5）、20%有机质、有效活性菌数2000万个/克、含水量10%的复合微生物肥料的各原料投入计算。

（四）复合微生物肥料的使用

1.施用方法

根椐复合微生物物肥料的特点，适用于各种农作物的基施或追施，避免肥料和种子或根系接触，应间隔5～8厘米，在追施时肥料上盖土后效果更佳，根据NPK含量的高低，可单独使用或和化学肥料混合使用。

2.怎样科学施用复合微生物肥料

复合微生物肥料施用过程中，应根据不同农作物其需肥量不一样，不同地区土壤供肥水平不一致，不同NPK、有机质含量，其肥料缓释程度和速效性有差异以及化学肥料用量不一样等特点和规律施用复合微生物肥料。

（五）复合微生物肥料的发展前景

复合微生物肥料在我国还处于起步阶段，其产业化生产还不规范和完善。其中包括肥料粒的强度、崩解程度、结块、微生物菌的存活率以及加入方式都需要进一步研究和完善。虽然微生物肥料在我国已取得了长足的发展，尤其是随着生产工艺的革新，出现了“大三元”微生物肥料等代表着微生物肥料发展方向的新型肥料，但仍应看到，因它的问世时间不长，并且由于多方面的原因，在生产及应用效果和开发等诸多方面仍然存在着一些明显的问题需要尽快解决。其中产品质量问题是非常值得关注的一个方面。如有效活菌含量低、杂菌率偏高、有效期短等。还有一些产品的构成表现出明显的不合理，例如菌种的组合、产品成分组成等。有的产品组合的菌株报告有很多种，与实测结果不符，在与无机成分的搭配上过高或过低，表现出明显的随意性。同一类产品质量差距很大，影响了市场的开拓和农民使用的积极性。造成产品质量问题的主要原因是研发力量薄弱，行业整体的技术力量有待加强，企业的创新意识有待提高。21世纪，微生物肥料的持续开发对我国农业的可持续发展具有重要意义，而代表着微生物肥料发展方向的“大三元”微生物肥料，随着研发的投入进步和生产工艺的创新，也将具有更广阔的应用前景，值得大力推广使用。

第六节 生物固氮在氮循环中的作用

一、根瘤固氮菌一般生理特性

化能有机营养型能利用NO_3^-、NH_4^+，但培养基中含植物性氮素物质（豆芽汁、酵母汁等）时大多数根瘤菌生活得更好。需要多种灰分元素，P素的要求尤其高，铁是合成豆血红蛋白和铁蛋白的必要元素，钼是固氮酶的成分。适合中性和微碱性条件，适合的pH在6.5～7.5，适合的温度25～30℃。

根瘤菌甘露醇琼脂培养基：甘露醇5克，蔗糖5克，酵母粉0.5克，磷酸氢二钾0.5克，硫酸镁0.2克，氯化纳0.1克，硫酸钙0.1克，钼酸钠溶液1毫升，硫酸锰溶液1毫升，柠檬酸铁1%溶液1毫升，硼酸1%溶液1毫升，刚果红1%溶液2.5毫升，琼脂18～20克，水1000毫升，pH值7.0。

据根瘤菌在酵母汁甘露醇培养基上生长速度可分为快生型和慢生型。快生型在含甘露醇或其他碳水化合物的培养基上产酸，代时2～4小时；慢生型在含甘露醇或其他碳水化合物的培养基上产碱，代时6～8小时；也存在中间类型。

根瘤形成过程的主要步骤：特定的根瘤菌与相应的豆科植

物相互辩认使根瘤菌特异地吸附在根毛上二者相互作用使根毛变形，主要表现卷曲或分枝细菌进入根内形成侵入性发展，进入根皮层后导致一部分细胞转化为分生组织，细胞分裂和分化，根瘤开始发育，根瘤菌从侵入后向内释放到根瘤细胞中繁殖，而后转化成类菌体形态豆血红蛋白出现，固氮作用开始。

二、根瘤菌与宿主的共生特性

侵染性：根瘤菌能进入豆科植物根内，在其中繁殖，并形成根瘤。

专一性：每一种根瘤菌只与其有专一性对应的几种豆科植物建立共生关系形成根瘤。

有效性：并不是能够结瘤的菌株都能固氮，据它们在根瘤中是否固氮而分为有效菌株和无效菌株，它们形成的根瘤分别称为有效根瘤和无效根瘤，许多无效根瘤的结瘤能力比有效根瘤强。

第八章 生物肥料的生产方法

第一节 固体肥、粉肥、液体肥的生产

一、无机有机微生物复合肥各项标准

山西博亚方舟生物科技有限公司生物技术产品标准（技术参数）：液体复合微生物肥料，有效活菌数亿/克（毫升）≥2.0，总养分（$N+P_2O_5+K_2O$）%≥4.0，粉状、颗粒复合微生物肥料，有效活菌数亿/克≥2.0，总养分（$N+P_2O_5+K_2O$）%≥20.0～35.0。

生产生物有机复合肥料需选择不同原料作为吸附载体。

1.腐殖酸型

载体用草炭、褐煤、风化煤、淤泥等作原料。

2.有机肥源型

载体多用鸡、鸭、鹅家禽粪及猪羊牛粪作原料。

3.资源再利用型

载体用城市垃圾、工业下角料及污水处理残留物、醋糟、酒糟作原料等。

二、 主要技术工艺流程

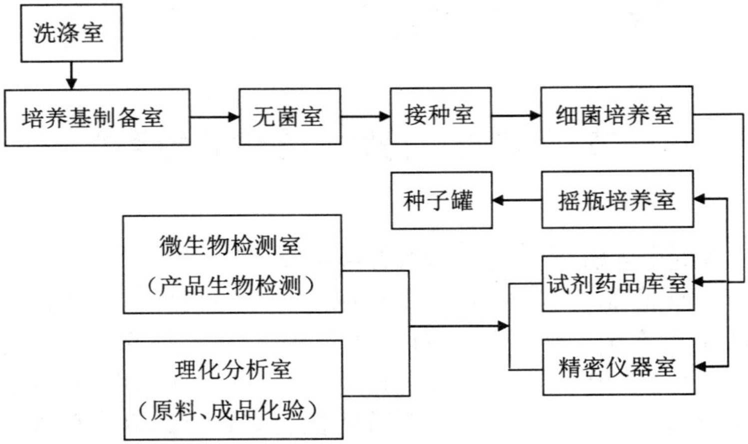

三、无机有机微生物复合肥（菌液、菌剂和颗粒）生产简介

1.生产工艺说明

①菌液生产线。生产需要20种以上菌种，分别来自中心实验室，经摇瓶培养后分别接入6个一级种罐和1个益生菌一级种罐，经二级扩大种罐深层培养，成熟后接入发酵设备完成培养，待培养完成后通过管道输送至菌液贮罐，经检测合格后，计量装灌即成液剂产品。

②菌剂生产线。菌液培养完成后部分菌液通过管道输入固剂生产车间，混入载体和粉剂后，经粉碎、烘干后得到菌剂产品。

③颗粒生产线。菌液培养完成后部分菌液通过管道输入固剂生产车间，混入载体，经斗式提升、分层造粒、颗粒输送、中低温成品烘干、分筛、计量、装袋后得到颗粒成品。

如下是生物菌肥的菌液、粉剂和颗粒生产线工艺流程图。

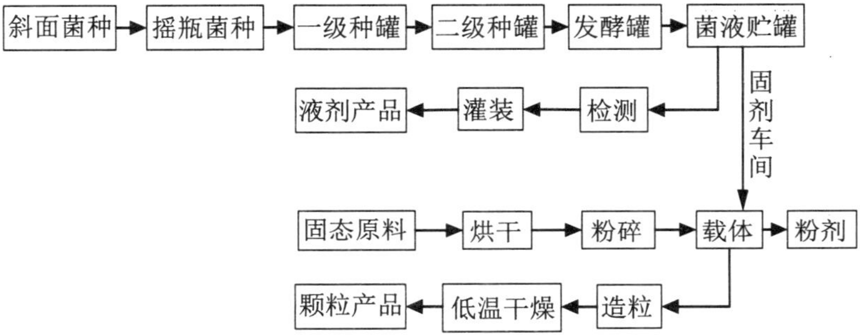

2.无机有机生物复合肥生产流程工艺简介

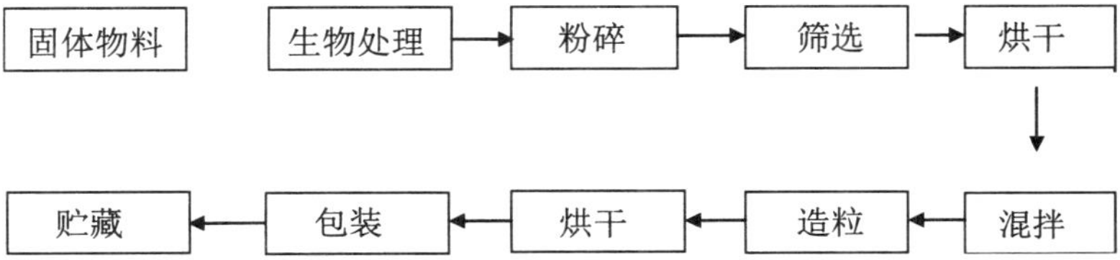

第二节　菌粉的生产

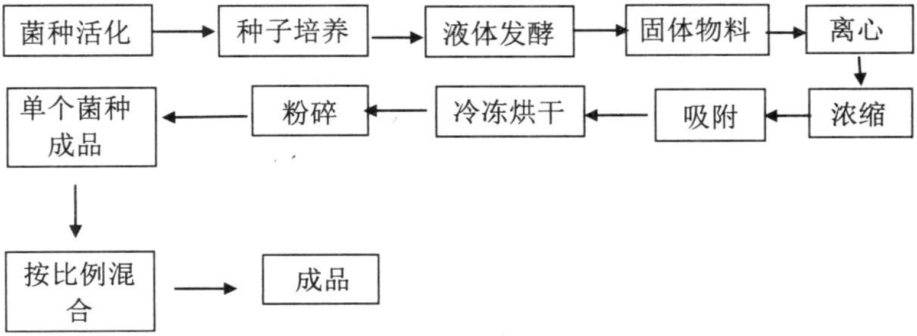

第九章 生物肥料的应用与实践

第一节 功效与特点

山西博亚方舟生物科技有限公司的生物有机复合肥系多年研究开发的最新成果，并获得国家发明专利（专利号201010540192.7）。该微生物复合肥含20种以上复合有益活菌，另加入Zn、Fe、Ca、Mg、B、Cu等中微量元素，养分齐全，活菌数含量高。能够起到减少病害发生，促进作物生长等作用，能满足作物各个时期的生长需要，利于多种酶的合成及氮素代谢，明显增强作物抗冻防寒、抗旱抗涝等能力，使作物叶片增大加厚，叶色浓绿，提高农作物各类营养成分的积累，提高农产品品质，增产增收。

产品指标：$N+P_2O_5+K_2O \geqslant 25\%$，有机质≥15%，有效活菌数≥2亿/克。

产品工艺：药品级二级菌体培养繁殖工艺、有机物料属好氧发酵工艺。

产品特点：①完全替代传统的无机肥的使用，改良土壤，增强土壤团粒结构，解决土壤板结，培肥地力。②放线、侧孢、枯草等有益微生物的繁殖有效的抑制病菌的繁殖、预防病害发生，减少农药、杀菌剂的使用，从而降低药物残留，改善了农产品的品质品相。③固氮、解磷、解钾，刺激和调控作物生长，增产增收，每亩增产15%～30%。④营养全面、肥效持久、配方独特、是生产绿色农产品的必选肥料。

适用范围：粮食作物（玉米、小麦、水稻、大豆等）、经济作物（棉花、花生、甘蔗、油菜、葵花等）、瓜果蔬菜、果树、烟叶、园林花木、草坪、中草药等。

第二节 用法用量

沟施、穴施、撒施，及时覆土后浇水。亩用1～3袋（40千克/袋），根据实际作物增减使用量或根据化肥常规施用量斟酌使用，以后逐步减少使用量。

注意事项：①存放于阴凉处，避免阳光暴晒。②禁止与土壤杀菌剂、消毒剂混用。③贫瘠或多年过量施用化肥的土壤适当加量使用，效果更佳。

第三节 推广应用分析

一、技术推广的必要性

1.发展无公害农产品生产，肥料是关键

由于长期以来农业生产片面追求产量，在肥料施用上“重化肥轻有机肥，偏施氮肥”的现象普遍存在，导致农产品中硝酸盐含量严重超标。生物有机复合肥料工程，就是要建立利用平衡施肥原理，按既定工艺规程和质量标准，将根际固氮菌、根瘤菌、磷细菌、钾细菌等多种有机微生物，经过深层发酵制成菌和菌复合剂，强化土壤的养分转化，平衡植物营养供应，防病壮苗。这种肥料产品的施用将大规模改善土壤的良性循环功能体系，提高

农产品质量，同时也使大量的畜禽粪便、各类秸秆、各种糟渣、食用菌棒、城市污水污泥等有机废弃物得到利用，有效减少环境污染。

2.对于农产品质量、农业环境质量和肥料施用等问题，中央和有关部门非常关注

温家宝总理在对农业部上报国务院的《关于全国重点区域农业环境质量和主要农畜产品污染情况的报告》做出重要批示："农业环境质量恶化和农产品污染严重，不仅制约农业的可持续发展，影响我国农产品的国际竞争力，而且危害人民的身体健康和生命安全。加强农业生态环境建设和保护，尽快制定和完善这方面的政策和法律、法规，加强对主要农畜产品污染的监测和管理，对重点污染区进行综合治理，实属重大而紧迫的工作。"并强调指出：滥施化肥，重用轻养，导致耕地重疾沉疴、农产品质量下降和环境污染。有关部门要研究提出科学施肥、多施农家肥的意见。本项目的实施，一方面能提高我国农产品质量，进而保障人民身体健康和提高农产品国际竞争力，另一方面能促进平衡施肥技术的应用和增施有机肥，进而保护农业生态环境，减少农业废弃物的污染。

3.微生物肥料技术是贯彻党中央、国务院和农业行政主管部门战略部署的需要

2006年3月18日，农业部发布《关于贯彻落实中央推进社会主义新农村建设战略部署的实施意见》，《意见》指出，"继续深化农业结构战略性调整，大力发展高产、优质、高效、生态、安全农业"，"大力推进农业标准化为主攻方向，提高农产品质量安全水平。坚持农业标准的实施与监督相结合、产前产中产后相衔接、示范与带动相配套的农业标准化全程控制"，"大力发展资源节约型、环境友好型农业，切实转变农业增长方式，大力发展农村循环经济，促进农业可持续发展"。

我国当前优先发展的高技术产业化重点领域指南中指出，现代农业近期产业化的重点是："大中型畜禽养殖场粪污资源化加工处理、城市生活与工业有机废弃物肥料化系列产品规模化生产及其相关的成套设备制造，实现高效肥料菌剂及菌肥的产业化生产，形成高效有机肥产业。"因此生物有机肥厂的发展成为生态农业市场与生态环境保护必不可少的需求。

山西博亚方舟生物科技有限公司的生物专利技术符合党中央、国务院和农业行政主管部门的战略部署，集中体现了党中央、国务院以及农业行政主管部门在今后一段时间内对农业生产建设的发展意图和设想。

4.微生物肥料技术是遏制土壤退化，保护农业生态环境的需要

我国农业正由传统的自给自足型农业向现代化商品农业转变。在自然生态环境和经济发展双重作用下，农业面源污染日趋严重，生态环境明显恶化。农业生产需要土壤提供作物生长繁殖的营养物质和生存环境。然而，由于长期施用化学肥料，有机肥供应不足，各类养分比例失调，致使农田生态环境、土壤理化性状和土壤微生物区系受到了不同程度的破坏。根据全国化肥试验网肥料长期定位试验和国家土壤肥力与肥料效益监测资料，我国耕地土壤有机质含量呈逐年下降趋势，土壤缓冲能力减弱，抗灾能力衰退。据全国第二次土壤普查结果，901个县肥沃高产田仅占22.6%，中低产田77.4%，土壤有机质低于0.65%的耕地占10.6%。以东北黑土区为例，土壤有机质已由开垦时的8.10%下降到2.3%，从富含有机质的土壤转变为有机质贫瘠土壤，其他地区土壤有机质的状况则更为严重。在肥料施用中，重化肥轻有机肥、偏施氮肥的问题普遍存在。我国每亩耕地施化肥13.2千克，超过世界平均水平每亩6.3千克的一倍多。专家指出，化学肥料污染已成为当今世界一大公害，我国目前土壤资源现状迫切需要通过人为措施补充土壤有机质，确保农业种植水平和农作物产品品质。

通过山西博亚方舟生物科技有限公司该技术专利，生产的高效生物有机复合肥料可有效地减少化肥施用量，改善土壤结构，遏制土壤退化，促进农业生态环境良性发展。

5.提高农作物产品品质，保障食品安全的需要

在我国，随着人民生活水平不断提高，温饱问题基本解决后，高产优质农产品和卫生健康食品已成为当前社会和农业生产中的迫切需求。为此，农业部于2000年召开了有机食品工作会议，以推动有机食品的开发生产。这次会议在我国农业和食品加工业中掀起了一场绿色革命。国务院关于开发有机食品的文件指出："开发有机食品对于保护生态环境，提高农产品质量，促进食品工业发展，增进人体健康，增加农产品出口创汇都具有深远影响。"随着我国加入"世界贸易组织"，和"十一五"规划的实施，整治农业污染已是摆在各级政府面前的一个迫在眉睫的现实任务。而农业污染的主要来源则是化肥、农药和水源污染。据中国农科院对京津冀48个点调查，大量施用化肥污染地下水、饮用水，42个点（占88%）饮用水的硝酸盐含量超标，其中最大超标量为50毫克/升，是最大允许量的9倍。据农业部对京津沪等7城市123种主要蔬菜测试，硝酸盐轻度污染的有31种，占27.6%，中高度污染的占72.4%。按世界卫生组织和联合国粮农组织的规定推算，已不允许食用的蔬菜有33种，占26.8%。

目前，在西方国家的农业发展中，化肥正被生物肥、生物有机肥等新型高效的无公害、无污染绿色肥料所取代。在当前的"世界贸易一体化"进程中，我国农业产品，要与西方国家和世界其他国家农产品进行竞争，其首要前提，就是要推广实施"绿色无公害"肥料，将农作物的"粮食"——绿色无公害肥料，进行大张旗鼓的推广、实施。这不但是我国农业的发展方向，也是我国农业生产所面临的一个最大、最迫切的问题。

国务院在我国生态环境保护的十大对策中明确提出要推广“生态农业”。为了发展生态农业，开发生产无污染“有机食品”，农业生产中的施肥技术必须进行改革，即合理施用化肥，走有机无机配合施用的发展之路。通过该生物专利技术，生产出高效生物有机复合肥料，不仅保护生态环境和农田土壤，保证有足够数量有机质返回土壤，促进生态系统中生物循环，达到保持和增强土壤肥力及生物活性的目的。还为农作物提供良好的生长环境，提高农产品的产量和品质，从而推动无公害食品的生产。

6.该生物技术是实现农业增产、农民增收的需要

山西博亚方舟生物科技有限公司的无机有机生物复合肥料是生物工程在农业领域中应用的最新成果。无机有机生物复合肥料被誉为“绿色食品之母”，它含菌量高、固氮活性强，能明显改善土壤的物理性能，增加团粒结构，松土保肥，同时还能促进微生物在作物根部大量生长繁殖，刺激根系发达，并能通过微生物的活动不断为各种农作物提供必要的N、P、K养分，分解蛋白质、纤维素、果胶、脂类等生物大分子物质，固定空气中的氮素，对非豆科作物和豆科作物均有增产效果。经田间实验：大豆、玉米、高粱、谷子的增产幅度分别在5%、10%、10%、20%左右；小麦、水稻增产幅度在18%～20%；果树、烟茶类增产幅度在15%～30%；瓜菜类能增产30%～40%。

通过施山西博亚方舟生物科技有限公司的无机有机生物复合肥料，可使农作物平均增产15%～20%，给农民朋友每亩直接增加收入128元，600万亩农田可增加收入近8亿元。

二、国内化肥、生物肥市场分析

（一）化肥现状

化肥工业是煤炭、天然气、磷矿石、卤水等能源和自然资源转化为植物营养的产业，主要包括氮肥、磷肥、硫酸和配套原料的磷硫矿山行业。化肥主要品种有：氮肥（尿素、硝铵、氯化铵、碳酸氢铵），磷肥（磷酸一铵、磷酸二铵、重钙、普钙、钙镁磷肥、硝酸磷肥），钾肥（氯化钾、硫酸钾、硝酸钾），含氮磷钾三种元素的复合肥料和微量元素肥料等。

近年来，中国化肥工业稳步发展，产量逐年增加，化肥自给率迅速提高。2006年中国生产化肥合计（折纯）4831万吨，其中氮肥3412万吨，磷肥1210万吨，钾肥209万吨；生产合成氨4938万吨，硫酸4860万吨，硫铁矿1190万吨，磷矿3896万吨。进口化肥632万吨，其中氮肥67万吨，磷肥98万吨，钾肥467万吨；出口化肥228万吨，其中氮肥113万吨，磷肥101万吨，钾肥24万吨。国内化肥表观消费量约5161万吨，其中农用化肥消费量4961万吨，工业用肥270万吨。化肥自给率93%，其中氮肥、磷肥基本自给，钾肥约30%。总体上看，化肥工业基本满足了农业生产需要。

2007年1～11月，全国农用氮、磷、钾化学肥料总计累计产量为53吨、170吨、241.96吨，比上年同期增长了13.15%。9月份的农用氮、磷、钾化学肥料总计产量最高，为5吨、314吨、355.90吨，同比增长了26.30%；其次是4月份，单月农用氮、磷、钾化学肥料总计产量为5吨、228吨、488.68吨，同比增长了15.26%。

2006年12月11日，中国化肥市场对外资批发和零售全面放开，中国政府对于WTO承诺的如期兑现受到国际称赞和关注。

化肥市场全面开放，将使中国企业面临来自国内和国外的双重压力。国内方面，首先是环境压力。目前中国化肥产业存在着十分突出的环保问题：化肥利用率低，不仅浪费了资源，增加了农民投入，而且也造成了环境污染；磷石膏、高磷废水和高含氟气体的排放，也对环境带来了很大压力。其次是资源压力。生产化肥的资源如磷矿、钾盐、煤炭和天然气等都是不可再生资源，如何实现既节约资源又满足日益增长的化肥需求，对中国化肥产业来说是个很大的挑战。再次是农民收入增长的压力。化肥作为资源型产品，所消耗资源的稀缺和有限性，与农民作为化肥消费者的少支出多收入，永远是一对矛盾。此外，农业生产多样化趋势也给化肥生产企业提出了更高要求。

长远来看，中国化肥行业面临需求和成本的双重压力。“十一五”期间，将是化肥行业的整合期和产品结构调整期。

（二）我国国内化肥市场存在问题

1.我国肥料使用总量较高，施肥比例不合理

总体上看，化肥工业基本满足了农业生产需要，但施肥比例严重失调，N：P_2O_5：K_2O为1：0.45：0.18，氮肥、磷肥占施肥总量的90%，钾肥严重不足。偏施、过量施用氮肥和磷肥的现象严重，忽视了钾肥和中微量元素肥料的补充，施肥不平衡，化肥总体利用率低，特别是氮肥当季利用率仅30%左右，比发达国家低约20个百分点。

2.肥料质量总体不高，品种结构不合理

我国化肥总体质量不高，养分平均含量为27%，其中氮肥平均含氮30%，磷肥含五氧化二磷12%，高浓度磷钾产量不到磷肥总量的10%。在品种结构方面，以单元素和低浓度肥料为主，复混肥料施用比例仅占21%，高浓度复混肥料用量更少，复混肥配方不够合理。有些肥料品种，特别是一些劣质的有机肥中重金属等有害物质含量过高。

3.肥料资源配置不合理，区域分布不平衡

由于肥料资源配置不合理，化肥投入区域分布极不平衡，经济发达、交通便利的东南部地区化肥用量远远高于西北部地区。2007年福建、湖北、广东、上海、江苏、山东、安徽7省市平均亩化肥用量超过50千克，最高的达75.6千克，而内蒙古、青海、西藏、黑龙江、甘肃等省区不足15千克。用量最高的省亩化肥施

用量是全国平均水平的2.6倍。华北和华东两区的化肥使用量相当于其他5个区的总量。

4.肥料在作物间分布不均，保护地施肥超量

不同作物肥料投入量差别也很大，经济作物高于粮食作物，保护地高于露地。山东省粮食作物亩施肥量在25～35千克，而大棚蔬菜普遍出现严重超量用肥现象。据8个县市170多个大棚蔬菜生产情况的调查，平均亩施肥量高达300千克以上，远远高于合理施肥水平。蔬菜、水果等经济作物施肥过量，是造成农产品硝酸盐积累严重的直接原因，对农产品品质影响很大。

5.有机肥开发利用不足，投入量下降

我国有机肥源丰富，但利用率低。大量畜禽粪便、秸秆等有机肥源没有得到合理利用，造成了严重的面源污染。有机肥料投入减少，特别是优质有机肥料投入不足。绿肥种植面积连年下降，秸秆还田技术推广力度不够，造成耕地用养失调，土壤肥力下降。另外，肥料科技开发、推广力量薄弱，科学施肥技术水平总体不高。

三、我国微生物肥料的行业现状

我国微生物肥料的研究、生产和应用已有60多年的历史，其间经历了3次大的起伏，目前正处于第4次发展阶段。20世纪50年代，我国从原苏联引进自生固氮菌、磷细菌和硅酸盐细菌剂，称为细菌肥料；60年代，研究并推广使用放线菌制成的“5406”抗生菌肥料和固氮蓝绿藻肥；70～80年代中期，又开始研究VA菌根，以改善植物磷素营养条件和提高水分利用率；80年代中期至90年代，农业生产中又相继应用联合固氮菌和生物钾肥作为拌种剂；近年来又推广应用由固氮菌、磷细菌、钾细菌和有机肥复合制成的生物肥料做基肥施用。前几次起伏原因主要是没有行业标准，导致产品质量无法得到保证，另外一点是微生物肥入肥料管

理系统过程不畅，以致每次发展的时间不长。目前，微生物肥料发展势头较好，该行业的总体情况可以概括为：

①基本形成了微生物肥料产业，约有500家企业，年产量达到450万吨，已逐渐成为肥料家族中的重要成员。获得农业部临时登记证的产品近500个，其中已有130多个产品转为正式登记。

②产品种类繁多。在农业部登记的产品种类有12个。包括固氮菌剂、硅酸盐菌剂、溶磷菌剂、光合菌剂、有机物料腐熟剂、复合菌剂、微生物产气剂、农药残留降解菌剂、水体净化菌剂和土壤生物改良剂、复合生物肥和生物有机肥类产品。

③微生物肥料使用菌种种类不断扩大，所使用的菌种早已不限于根瘤菌，即使是根瘤菌种类也已达10多种。其他的诸如各种自生、联合固氮微生物，纤维素分解菌，PGPR菌株等，据统计，目前使用菌种已达到100多种。

④使用效果逐渐被农民等使用者认可，微生物肥料的应用效果不仅表现在产量增加上，而且表现在产品品质的改善、减少化肥的使用、降低病虫害的发生、保护农田生态环境等方面，累计多达2000多万公顷。

⑤质量意识开始深入人心，体系初步形成。农业部于1996年将微生物肥料纳入国家登记管理范畴，对微生物肥料的生产、销售、应用、宣传等方面进行监督。至今农业部和其下属的微生物肥料质检中心发表了有关标准、产品质量、应用误区等，使社会各界的产品质量意识有了较大的提高。

⑥少数产品开始进入国际市场，主要是硅酸盐菌剂、复合菌剂和生物有机肥产品出口到澳大利亚、泰国、印度等国家。

⑦国家产业政策对行业的发展给予了一定的重视和支持，在科研资金支持力度和产业化示范项目的建设上支持力度较大。

与其他国家相比，我国的微生物肥料具有品种种类多、应用范围广的特点，尤其是在研制开发微生物与有机营养物质、微生物与无机营养物质复合而成的新产品方面，处于一个领先的地位。这些产品目前在我国已形成较大生产规模，在降低化肥使用量、提高化肥利用率和减少化肥过量使用导致环境污染方面，已取得了较好的效果，研制开发具有广阔前景。然而必须认识到，提高产品质量，降低生产成本，稳定应用效果仍是该行业面临并且亟需解决的课题。

四、国际微生物肥料产业现状

根瘤菌剂已在世界范围内得到推广和普及。许多国家，如美国、澳大利亚、新西兰、日本、法国、印度及非洲等70多个国家都在研究、生产和应用豆科根瘤菌，且施肥面积不断扩大，应用的豆科植物种类繁多。固氮细菌、解磷细菌和解钾细菌的研究、生产和应用，在总体上相对于根瘤菌（剂），产业化的步伐及成熟性要滞后一些。不过，法国、美国、德国等先进国家已有许多种类的单一或复合菌肥进入实际应用，形态上以液态菌剂较多。

美国生物技术商业化的进展远远走在世界前列，尤其在生物制药和生物农业方面。据报道，美国生物/有机肥料、生物农药的产业化进展十分迅速，对化学肥料、化学农药的替代已达到30%～40%（1999年数据）。美国著名的《巴特尔预测2020年的战略技术》列举了10项最具战略意义的、决定着未来20年企业和国家命运的技术趋势，其中有两项涉及微生物农业技术：①绿色综合技术。②主要的食品和作物方面：利用遗传工程，研究人员将培育出抗病虫、大大减少农药及其他化学制品需求的作物。

目前，作为“有机农业”的发起者，欧盟很重视生物农业的发展，单位耕地化肥的施用量已远低于世界平均水平（除荷兰以外）。德国、法国在液态生物肥技术方面位居世界前列。工业化国家的大部分农业生产将把新农业技术或有机农业技术与传统的农作方法相结合。化肥和农用杀虫剂的使用量将减少一半。在欧盟，生物技术发展迅速，自20世纪90年代开始在农业中得到应用。1999年6月份公布的年度报告显示，欧洲整个农业生物技术产业的规模只有美国的1/3，但发展速度却是美国的两倍。

日本政府近年来把研究开发生物技术和扶植生物技术产业、完善相关体制作为国家重点战略之一。方向之一：种植不施化肥、不用化学农药而采用生物制品的高产农作物，为建立环保型工厂化农业铺平道路。方向之二：利用基因技术培养出新型微生物，净化大面积土壤复合污染，发展循环良性型经济社会。

综合近几十年世界农业的发展趋势，20世纪60年代产生“绿色农业”，90年代产生“有机农业”（法国）、“精确农业”（美国）、“白色农业”（中国）、“生态农业”（联合国）和“可持续农业”（美国、联合国）等概念，其主要理念之一便是化学农业、粗放型农业逐步被取代，基于现代生物技术的生物/生态农业、绿色农业成为主体。中国农业经济发展的核心原则将是可持续性、产业化，其核心技术基础之一是生命科学及现代生物技术。联合国粮农组织（FAO）近20年来一直积极倡导并支持发展中国家使用微生物肥。因此，中国农业对高品质肥料的需求量将不断增大，肥料供给缺口很大，肥料产业是一个高速增长的、日益高技术化、盈利能力高的基础性产业。生物肥不仅可以补充肥源的不足，有利“植物—土壤—肥料”生态系统的良性循环，成本较低、可持续性好，而且成为绿色食品的主要用肥而产生较大的经济效益，提高农民收入和生产积极性，发挥较大的经济效益、社会效益和生态效益。

五、市场需求预测

（一）国际市场未来化肥需求稳定增长，逐渐迎来“拐点”

国际肥料工业协会近日在其官方网站发布全球化肥供需报

告称，未来5年，全球化肥需求将稳定增长，与2005年7月至2006年6月和2007年7月至2008年6月相比，2012年7月至2013年9月，世界化肥需求年均增长3.1%，达到1.934亿吨。考虑到未来磷肥和钾肥市场供应吃紧，粮食、饲料、纤维、生物燃料生产对化肥的需求增加，预期氮肥需求量将温和增长，年增长率预计为3.2%，钾肥消费量年均增长率预计为3.0%，磷肥年均增长率预计为2.8%。当前国外农业生产领域，复合肥的用量逐渐增加。据统计资料表明，世界各国施用的化肥中，复混肥占50%左右。从全球肥料行业来看，发达国家用肥量已出现用肥“拐点”，但发展中国家如巴西、印度、越南等国家和地区化肥消费量仍在不断增长。

（二）微生物肥料需求增加是化肥需求新趋势

根瘤菌剂在世界范围得到推广和普及，世界上许多国家，如美国、澳大利亚、新西兰、日本、意大利、奥地利、加拿大、法国、荷兰、芬兰、泰国、韩国、印度及非洲的一些国家，至少有70多个国家研究、生产和应用豆科根瘤菌，不仅面积不断扩大，而且应用的豆科植物种类繁多。不少国家在经历一段时间的混乱后，逐步认识到加强根瘤菌肥料质量管理的重要性，并制定了相应的标准。

固氮细菌、解磷细菌和解钾细菌等的研究除根瘤菌以外，许多国家在其他一些有益微生物的研究和应用方面也做了大量的工作。前苏联及东欧一些国家的科研人员进行了固氮菌肥料和磷细菌肥料的研究和应用，所用的菌种为圆褐固氮菌和巨大芽孢杆菌。他们和前捷克斯洛伐克、英格兰及印度的研究固氮菌的工作者证实，这类细菌能分泌生长物质和一种抗真菌的抗生素，能促进种子发芽和作物根部的生长。20世纪70年代末和80年代初，一些国家对固氮细菌和解磷细菌进行了田间试验，结果各异，对其作用还有相当大的争议。但在固氮螺菌与禾本科作物联合共生的研究中取得了一定的进展，在许多国家作为接种剂使用。总结20年来世界上一些国家的田间试验数据表明，固氮螺菌接种在土壤和气候不同的地区可以提高作物的产量，在60%～70%的试验中可增产5%～30%。它们促进生长的主要机制是能生产能促进作物生长的物质，能促进根毛的密度和长度，侧根出现的频率及根的表面积。

目前，微生物肥料的功效已得到人们的承认，需要进一步推广和普及。这是由于当前世界人口猛增，社会对粮食和肥料的需求日益迫切。然而作为化肥生产原料和能源的石油资源有限，依赖有限资源终难以维持农业的持续发展。而今后农业的发展方向是可持续农业，因此就要发展生物肥料。微生物肥料不仅可补充肥源的不足，而且有可能列为绿色食品进入商品市场，成为新兴的“绿色产业”。

（三）我国生物有机复合肥需求量增加

2006从农业部获悉无公害农业种植基地有15881个，监测面积达2.47亿亩，约占我国18.3亿亩耕地面积的13.5%。在这些基地所辖耕地基本上都使用生物有机复合肥，并且随着无公害农业种植面积的不断扩大，生物有机复合肥需求量持续增长。

从整个肥料市场层面分析，据中国化肥投资分析报告，全国200多个县年化肥需求量为1.4亿吨，而目前国内化肥的生产量为5000万吨左右，只有大量依赖进口满足农业生产需要，并且随着化肥原料的涨价，农田环境污染的加剧，专家呼吁减少化肥的使用量，多使用新型有机肥料。如果我国有机肥的比重达到10%，市场容量将是1400万吨，而在目前小型有机肥厂比重巨大，且生产工艺不成熟的有机肥市场，这一目标很难达到。

（四）国内市场需求预测

1.国内微生物有机肥的需求缺口大

我国微生物肥料的研发与应用，是于20世纪50年代从根瘤菌接种开始的。据统计，2007年我国微生物肥料的年产量仅占商品肥料使用量的1%左右，销售额约为40亿元，与欧美发达国家相比，我国施用微生物肥料的数量可谓“微乎其微”，在开发利用微生物肥料方面我国比西方一些国家还有相当大的差距，市场潜力巨大。

目前，美国等西方国家生物肥料已占到肥料总用量近50%。在我国，若微生物肥料能占到化肥使用量的10%，其市场容量将达到1400万吨。现在我国微生物肥料年生产量不足500万吨，远远不能满足市场的需要。固氮多抗有机肥是一种含有有益微生物的活性肥料，不仅为作物提供氮源，还能提供磷钾和多种微量元素，提高肥料的利用率，调节作物生长发育过程，增强抗御不良环境的能力。它又有适应于各种土壤条件和农作物的系列产品，能够最大限度地满足各类作物对生长环境和营养条件的需求。固氮多抗有机肥原料易得，生产工艺简单，而且生产所需投资远远低于生产化肥所需投资。一个县若按100万亩农田计算，一茬作物亩施固氮多抗有机肥5千克，就需该肥1万吨，一年种植多茬需要肥料量更大。生产此产品，投资少，原料易得，工艺简单，产品价格低于化肥，极具市场竞争力，经济效益和社会效益巨大。节约化肥和能源，保护生态环境，走可持续农业的发展方向是当前世界各国十分重视的问题，许多国家都将发展微生物肥料作为解决这一世界性问题的重要方法，特别是东南亚国家对生物肥料的兴趣越来越大，生物有机肥正面临着走出国门的机遇。

2.化肥普遍涨价，给微生物肥料带来发展空间

由于受国际大环境影响，许多原料涨价，造成化肥市场价格暴涨。与化肥相比微生物菌肥价格涨幅不大。从2012年和2013年春季的农资市场看，据抽样调查，化肥比往年同期销售下降31.2%，有较长一段时间化肥市场出现了生产厂家不愿产、经销商不愿进、农民不愿买的“三不”现象。一些农民开始认可和选用微生物菌肥和有机肥，这给微生物肥料生产厂家带来巨大发展商机。

3.目前的土壤现状给微生物菌剂带来商机

化肥对农业增产起主要作用，但由于农民长期偏施氮肥特别是对氮肥长期依赖，造成土壤板结、盐渍化现象十分普遍。化肥的长期使用，已造成肥效下降，利用率不高，土壤板结等弊端。据调查，我国化肥的利用率只有35%～40%，其余部分被土壤固定，或淋溶造成水体污染、湖泊富营养化等环境问题。加之化肥是一种高耗能产品，原材料涨价和环境污染的影响，致使许多小型化肥厂濒临倒闭状态，而国家由于受经济和能源条件的限制，目前还无能力改造这些化肥厂，限制了我国肥料总量的增加。专家们迫切呼吁减少化肥使用量，多使用新型生物肥，多施有机肥。广大农民也迫切需要一种新型肥料来满足农业生产的需要。

4.国家提倡大量使用微生物菌肥，政策支持力度加大

2014年中央在一号文件中提到：加强对土壤的保护与改良，在全国大力推广和使用有机肥料。各级政府也把改良土壤保护耕地，发展和促进出口创汇农业作为头等大事来抓，重视和发展无公害绿色蔬菜必然要加大对微生物菌肥的投入。

5.微生物肥料销售利润空间较大

有些经销商之所以抢先进货，与化肥、氮肥相比，经营微生物肥料利润空间比较大，而且，目前市场上微生物菌肥相对化肥品种较少，竞争对象少。特别是一些大的正规厂家少，以前那些家庭作坊式的小生产企业，由于不能保证产品质量，多数经营不景气。而那些资金势力雄厚，又有科技后盾，农化服务和售后服务好的微生物肥料生产企业，竞争能力和发展空间相对较大。

6.农民用肥习惯正在改变，给微生物菌肥带来商机

目前我国肥料利用率很低，由于微生物肥料有解钾、解磷、固氮的功能，能大大提高肥料的利用率，所以逐渐受到广大农

民的青睐。在生产实践中，不少农民亲身体会到微生物菌肥在生产中的作用。所以他们不再嫌麻烦，自觉采取配方施肥，搭配施肥，主动向地里投入生物菌肥。农民通过使用微生物菌肥尝到甜头，尤其是对微生物菌肥在抗病增产方面的作用认识十分深刻，在有些地方，不少农民对微生物菌肥的认识程度已远远超过一些农资经销商。

7.中国居民的饮食结构正在发生较大变化

人均口粮消费量减少，高品质的蔬菜、水果、畜产品和蛋奶产品的需求量将持续增加。因此，对高品质粮食、饲料用粮、绿色食品的需求不同程度提高，从而有机肥料、微生物肥料和高浓度优质复合化肥等的需求也将增加。微生物肥等对化肥的替代速度加快，单位耕地化肥施用量呈下降趋势。

因此，从结构上，高效复合化学肥料、有机肥料、微生物肥料将是21世纪的三大主要肥料。其中，有机肥料、微生物肥料将是绿色农业、生态农业的主要肥料。

六、市场供给预测

（一）微生物肥料现有上市产品

单纯的微生物肥料：根瘤菌肥料、固氮菌肥料、解磷细菌肥料、解钾细菌肥料（又叫生物钾肥）、硅酸盐细菌肥料。

复合微生物肥料：两种以上微生物菌复合而成，如“肥田生”微生物肥即是包括四种微生物菌的固态肥料。

复混微生物肥　（微生物肥+其他增效物）：微生物肥+化肥；微生物肥+微量元素；微生物肥+有机肥。

（二）国内微生物肥的供给及其存在问题

据统计，全国目前微生物肥年供给量不足500万吨。截至2007年，全国各种微生物肥料生产厂商有500多家，其中拥有农业部颁发的正式和临时微生物肥料登记证500家。当今，由于以下原因，微生物肥料的发展仍受到制约。

①大多数新型肥料企业由于缺乏资金与技术，加上销售渠道不畅、服务网络不完善等原因，在肥料的试验示范、推广等方面都遇到多种困难，后继乏力。

②微生物肥料以及其他相关新型肥料产品属于实用型新技术产品。目前，国内专门从事微生物肥料新型肥料开发的单位或企业很少，造成目前市场现有的许多微生物肥料，产品技术含量不高，新产品开发更是乏力。

③大多数微生物肥料规模化低，成本高、价格较高，也影响了其市场竞争力。

④农民及农业生产企业甚至乡镇农业技术推广人员等对生物肥料的认识不足，同时抗风险能力不足，因此影响了生物肥的推广试用以及发展。

七、山西博亚方舟生物科技有限公司无机有机生物复合肥

1.该无机有机生物复合肥研发技术先进，试用范围广泛，效果显著

该无机有机生物复合肥，是应用现代生物工程复合技术的一种新型的无公害、无污染、无毒副作用的广谱性微生物长效肥料，它将根际固氮菌、根瘤菌、磷细菌、钾细菌等多种有机微生物，经过深层发酵制成菌和菌复合剂，其技术的先进性在于含菌量高、固氮活性强，具有强化土壤的养分转化及对植物营养平衡供应的作用，有肥力稳定持久、防病壮苗的特点。该产品适用于多种农作物和多种土壤条件，对非豆科和豆科作物均有增产效果，生产无机有机生物复合肥料，可以促进合理施肥，为发展我国的有机农业、生态农业、生产绿色食品提供新肥源，市场前景看好。

多年来，该无机有机生物复合肥料技术产品，在山西太原、运城及阳泉市浩丰小杂粮专业合作社和广西桂林、南宁、山东、河北、河南、宁夏、东北三省及云南等21省、市、自治区的各种蔬菜、果树，农作物上进行试验证明，施用生物有机无机复合肥料，在增加农产品产量和提高品质方面效果明显。

2.原材料丰富，成本低廉

项目所需要的有机物料原料主要为畜禽粪便、农作物秸秆、城市污水处理厂的污泥、醋糟、酒糟、味精厂下脚料以及风化煤、褐煤、蛭石、草炭土等自然资源。各种原材料均可就地取材，节省大量运输成本，而且供应充足，价格低廉，可有效降低项目生产成本，提高企业利润率。

3.市场竞争优势分析

本生物技术产品属于绿色产品，它的施用有利于农业的可持续发展，在农业生产中有着极为重要的作用。其优势在于：

①本生物技术原材料资源丰富且就地取材，供应有保障。

②本技术系高新技术项目，符合国家产业政策，符合国家提出的建设节约型社会的要求。

③本技术产品系绿色环保产品，在生产过程中无任何“三废”污染，有利于保护生态环境。

通过本生物技术生产的产品特点：

一高：提高质量降低成本，农民收入增高。

二少：根系旺、植株壮、病虫少，施肥利用率高、生产成本较小。

三多：多供养，多吸收，多增产。

四无：无毒，无害，无污染，无副作用。

五改：改变微生态，改善土壤结构，改善吸收能力，改变施用方法，改善产品质量。

六抗：抗根腐，抗重茬，抗旱，抗寒，抗病，抗早衰。

“山西博亚方舟生物科技有限公司的无机有机生物复合肥”是一种高效无毒、无污染和无公害的新型肥源，可满足人们保持生态平衡、合理开发、改造自然的要求。生物有机复合肥价格低廉，而且长期使用可以建立起土壤的良性循环功能体系，从而获得更好的经济效益和生态效益。

第四节 山西博亚方舟生物科技有限公司北方田间效果试验

水稻壮秧标准：

中苗：秧龄30～35天；叶龄：3.5～4厘米；叶苗高：12～14厘米；苗根数：9～11条；苗百株鲜重：3.0～3.5克；常蘖率：30%以上。

一、旱育壮秧

营养土：反对含碱性土育秧，可选用团粒结构酸性土壤育秧，取三份土，用一份粉碎后的稻皮，混拌后做营养土，选用合适的壮秧产品。

选种和种子处理：选择种子，不得越区种植，按积温区选择推广应用种子，可选中、早熟品种，进行盐水选种，用杀菌剂浸种或拌种。

播种量与播期：一般在4月10日前后，日平均气温稳定在5℃开始播种，28日结束，机插每盘125克，手插60克，播体每穴2～3粒。

棚温：播种至1.5叶期，棚内温度28～30℃；2.5叶期，棚内温度22～25℃，开始通风，棚内温度28℃，大通风，早、晚盖上；3.5叶期，棚内温度20～22℃；3叶期放开两侧棚膜。

水分：播种前，在浇足底水的情况下至2.5叶前不浇水，2.5叶后苗尖无水珠时利用早晚浇水，一次浇透。

灭草：苗床灭草可用丁朴合剂封闭灭草，可选用“千金”在稗草1.5～2叶每平方米用0.8毫升，对水1～1.5千克进行喷洒。

立枯病：可选立枯净、敌克松、移栽灵、乙蒜素、将军等防治，在播前或播后喷洒，苗期可用富尔将军或胩鲜胺进行防治。

防治潜叶蝇：在起苗前可用3000～5000倍1.8%阿维菌素乳油+1000倍高氯喷雾。

二、农时安排

四月份

上旬：整平旱育床，修好床面及排水沟，搭棚配置好营养土，过筛子备用，做好晒种、风筛选种工作。

中旬：摆盘装土，开始播种，并开始春耕修补田间工程。

下旬：井灌设备安装，播种扣棚结束。

五月份

上旬：浸田水没梗水耙地，在灌水前施足底肥，施封闭灭草药（丁草胺）。

中旬：手、机插秧开始。

下旬：插秧结束。

六月份

上旬：追分蘖肥，施灭草药，防治潜叶蝇，查田补苗。

中旬：追调节肥，防负泥虫，人工中耕拔草，防水稻叶瘟病。

下旬：调查有效分蘖，晒田，中耕除草。

七月份

上旬：晒田控蘖，调整长相，洗棚冲盘，除净田埂草。

中旬：恢复水层，出穗前10～15天喷施叶面肥。

下旬：遇低温灌深水护胎，低温过后正常水层，喷药防治穗禾颈稻瘟病。

八月份

上旬：喷洒粒肥，调换进水口。

中旬：清理排水沟，管好种子田，除杂去劣，田检工作。

下旬：备好明年床土，洼地旱排水。

九月份

上旬：苗床翻地、秋施有机肥，秋季做好苗床。

中旬：搞好种子收获工作。

下旬：机械收割与种子晾晒。

三、时间分配表

生育期：

插秧期（5月10～20日）水层（花达水）工作（早插、浅插），肥料亩用（三元复合肥15千克、硫酸钾6千克、生物菌肥2千克）。

返青期（分蘖期5月25至6月5日）水层（2～3厘米）工作（促蘖、早发）。

有效分蘖期（6月10～20日）水层（3—5—0厘米）工作（浅湿促蘖、促中有控、保蘖增蘖），肥料亩用（亩用硫酸铵12～15千克，喷施磷酸二氢钾防治稻瘟病）。

无效分蘖期（6月30日至7月5日）水层（无水）工作（晒田、蹲苗、控上、促下）。

孕穗期（减数分裂期、抽穗期7月25～30日）水层（4～6厘米）工作（足穗养胎、保穗增粒、防止颖花），亩用肥料（硫酸铵6千克、磷酸二氢钾与杀菌剂相配合 乙蒜素、菌素克等）。

抽穗扬花期（齐穗期、乳熟期7月30日至8月15日）水层（3～4厘米）工作（潜湿交替、以气养根、以根养叶）。

成熟期（蜡熟期、黄熟期、成熟期8月15日至9月15日）水层（0—5—0—3）工作（干湿交替、促早熟、保粒增产、活秆成熟、适时撤水收割）。

化学灭草：封闭、插前用丁草胺；苗期灭草，二氯奎啉酸，移栽后一次用药全田无草，如有药害，用急救120+助剂+金片655喷施；中后期灭草，可用快杀稗、农得时，可选择性应用除草剂。

病害预防：潜叶蝇、负泥虫、213化螟，可应用反击、还击、回击杀虫剂，高氯啶虫脒；叶稻瘟，可选乙酸素（菌可毒）；其他虫害可选用阿维菌素。

1.山西博亚方舟生物科技有限公司生物肥料在北方水稻上的效果

见下页相关图片。

左图产地：齐齐哈尔依安县三兴镇
品种：龙粳31
种植户：付东奎
种植时间及生育期：5月21日—10月5日
面积及亩产：550千克/亩
肥料使用情况：一次底肥，三次叶面肥，
三次冲施肥均为地依公司微生物肥料

右图产地：齐齐哈尔依安县三兴镇
品种：龙粳31
种植户：付东奎
种植时间及生育期：5月21日—10月5日
面积及亩产：502千克/亩
肥料使用情况：普通化肥

左图产地：齐齐哈尔依安县三兴镇
品种：龙粳31
种植户：付东奎
种植时间及生育期：5月21日—10月5日
面积及亩产：550千克/亩
肥料使用情况：一次底肥，三次叶面肥，
三次冲施肥均为地依公司微生物肥料

右图产地：齐齐哈尔依安县三兴镇
品种：龙粳31
种植户：付东奎
种植时间及生育期：5月21日—10月5日
面积及亩产：502千克/亩
肥料使用情况：普通化肥

左图产地：齐齐哈尔依安县向前乡
品种：绥粳4
种植户：李万军
种植时间及生育期：5月20日—10月8日
面积及亩产：598千克/亩
肥料使用情况：一次底肥，三次叶面肥，三次冲施肥均为地依公司微生物肥料

右图产地：齐齐哈尔依安县向前乡
品种：绥粳4
种植户：李万军
种植时间及生育期：5月20日—10月8日
面积及亩产：521千克/亩
肥料使用情况：普通化肥

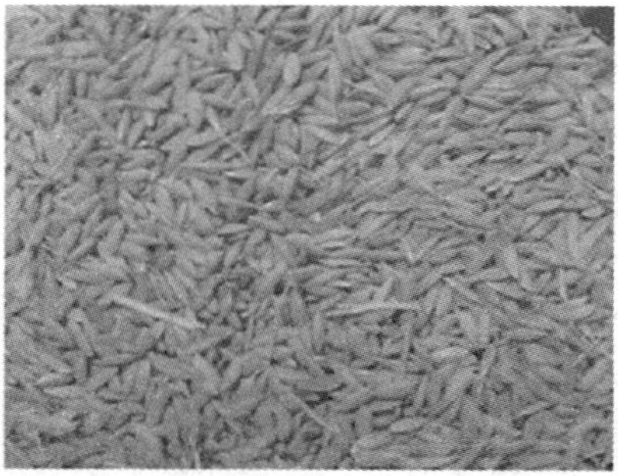

左图产地：齐齐哈尔依安县向前乡
品种：绥粳4
种植户：李万军
种植时间及生育期：5月20日—10月8日
面积及亩产：598千克/亩
肥料使用情况：一次底肥，三次叶面肥，三次冲施肥均为地依公司微生物肥料

右图产地：齐齐哈尔依安县向前乡
品种：绥粳4
种植户：李万军
种植时间及生育期：5月20日—10月8日
面积及亩产：521千克/亩
肥料使用情况：普通化肥

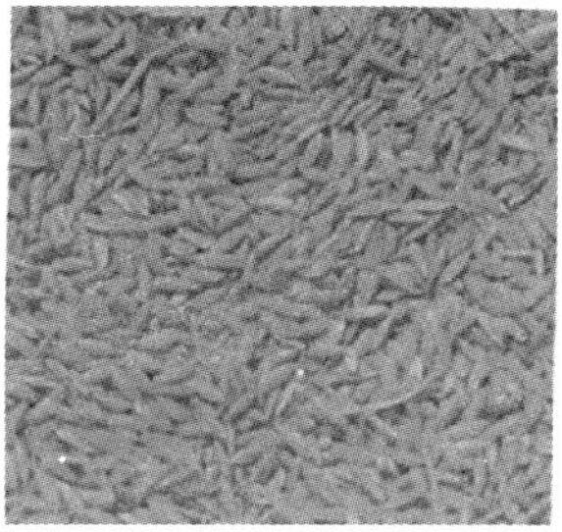

左图产地：齐齐哈尔依安县新兴镇
品种：稻花香3号
种植户：李武
种植时间及生育期：5月20日—10月6日
面积及亩产：507千克/亩
肥料使用情况：一次底肥，三次叶面肥，三次冲施肥均为地依公司微生物肥料

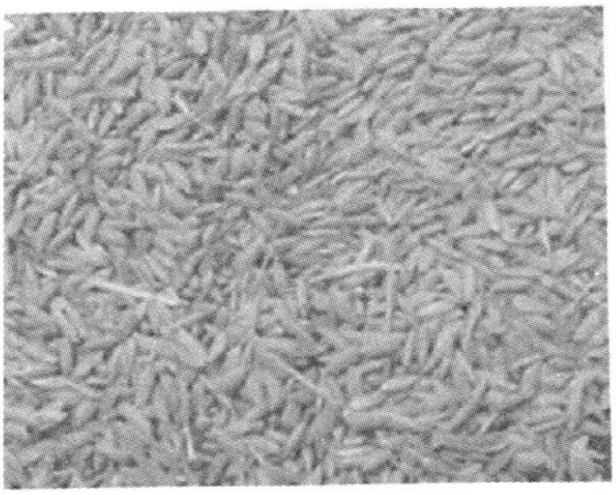

右图产地：齐齐哈尔依安县新兴镇
品种：稻花香3号
种植户：李武
种植时间及生育期：5月20日—10月6日
面积及亩产：458千克/亩
肥料使用情况：普通化肥

左图产地：齐齐哈尔依安县新兴镇
品种：稻花香3号
种植户：李武
种植时间及生育期：5月20日—10月6日
面积及亩产：507千克/亩
肥料使用情况：一次底肥，三次叶面肥，三次冲施肥均为地依公司微生物肥料

右图产地：齐齐哈尔依安县新兴镇
品种：稻花香3号
种植户：李武
种植时间及生育期：5月20日—10月6日
面积及亩产：458千克/亩
肥料使用情况：普通化肥

相关检测报告

农业部谷物及制品质量监督检验测试中心(哈尔滨)
检验结果报告书

样品编号：2013C3117　　　　共 2 页 第 2 页

检验项目	单位	标准要求	检验结果	方法检出限	检验方法
汞(以Hg计)	mg/kg	——	0.002	——	GB/T 5009.17 2003
铬	mg/kg	——	0.131	——	GB/T 5009.123-2003
镉（以Cd计）	mg/kg	——	0.004	——	GB/T 5009.15-2003
铅(以Pb计)	mg/kg	——	0.098	——	GB 5009.12-2010
砷(以As计)	mg/kg	——	0.073		GB/T 5009.11-2003
钙	mg/100g	——	6.42	——	GB/T 5009.92 2003
铁	mg/100g	——	0.60	——	GB/T 5009.90-2003
锌	mg/kg	——	13.1	——	GB/T 5009.14-2003
毒死蜱	mg/kg		未检出	<0.01	GB/T 5009.20-2003
乐果	mg/kg	——	未检出	<0.01	GB/T 5009.20-2003
马拉硫磷	mg/kg	——	未检出	<0.01	GB/T 5009.20 2003
			以下空白		
备注	——				

农业部谷物及制品质量监督检验测试中心（哈尔滨）

检　验　报　告

No.GW2013-1627　　　　　　　　　　　　　　　　共 2 页　第 1 页

样品名称	水稻：绥粳4	型号规格	——
样品编号	2013C3117	商标	——
送检单位	依安县地依农业技术发展有限公司	检验类别	委托
生产单位	——	样品等级、状态	——
抽样地点	——	到样日期	2013-09-26
样品数量	2kg	送样者	刘守美
抽样基数	——	原编号或生产日期	——
检验依据	见报告第2页	检验项目	见报告第2页
所用主要仪器	原子吸收光谱仪 气相色谱仪	实验环境条件	符合实验条件
检验结论	仅提供数据 签发日期 2013-09-30		
备注	只对来样负责		

批准：　　　　审核：　　　　制表：

2013-09-30　　　　2013-09-30　　　　2013-09-30

黑龙江省农业科学院农产品质量安全研究所

分析结果报告单

No. GW2013-1630　　　　共 1 页 第 1 页

送检单位	依安县地依农业技术发展有限公司		
样品名称	水稻：绥粳4	样品编号	2013C3117
检验类别	委托	到样日期	2013-9-26
检验日期	2013-09-29	签发日期	2013-09-30

检验项目	单位	检验结果
甲维盐	mg/kg	未检出
西草净	mg/kg	未检出
		以下空白
检验依据	NY/T 761-2008	
备注	仅提供数据，只对来样负责。	

批准：　　　　审核：　　　　制表：

2013-09-30　　　　2013-09-30　　　　2013-09-30

2012001485V

[2012]农质检核(国)字第0038号

No. GW2013-1627
2013C3117

检　验　报　告

样品名称　　水稻：绥粳4

送检单位　　依安县地依农业技术发展有限公司

检验类别　　委托

农业部谷物及制品质量监督检验测试中心(哈尔滨)

农业部谷物及制品质量监督检验测试中心（哈尔滨）

检验结果报告书

样品编号：2013C3115　　　　　　　　　　　　共 2 页 第 2 页

检验项目	单位	标准要求	检验结果	方法检出限	检验方法
汞（以Hg计）	mg/kg	——	0.002	——	GB/T 5009.17-2003
铬	mg/kg	——	0.113	——	GB/T 5009.123-2003
镉（以Cd计）	mg/kg	——	0.005	——	GB/T 5009.15 2003
铅（以Pb计）	mg/kg	——	0.035	——	GB 5009.12-2010
砷（以As计）	mg/kg	——	0.062	——	GB/T 5009.11-2003
钙	mg/100g	——	5.01	——	GB/T 5009.92-2003
铁	mg/100g	——	0.47	——	GB/T 5009.90-2003
锌	mg/kg	——	11.6	——	GB/T 5009.14-2003
毒死蜱	mg/kg	——	未检出	<0.01	GB/T 5009.20-2003
乐果	mg/kg	——	未检出	<0.01	GB/T 5009.20-2003
马拉硫磷	mg/kg	——	未检出	<0.01	GB/T 5009.20-2003
			以下空白		
备注	——				

农业部谷物及制品质量监督检验测试中心(哈尔滨)
检　验　报　告

No. GW2013-1625　　　　　　　　　　　　　　　　共 2 页　第 1 页

样品名称	水稻：龙31	型号规格	——
样品编号	2013C3115	商标	——
送检单位	依安县地依农业技术发展有限公司	检验类别	委托
生产单位	——	样品等级、状态	——
抽样地点	——	到样日期	2013-09-26
样品数量	2kg	送样者	刘守英
抽样基数	——	原编号或生产日期	——
检验依据	见报告第2页	检验项目	见报告第2页
所用主要仪器	原子吸收光谱仪 气相色谱仪	实验环境条件	符合实验条件
检验结论	仅提供数据 (哈尔滨) 检验专用章 签发日期：2013-09-30		
备注	只对来样负责		

批准：　　　　审核：　　　　制表：

2013-09-30　　　　2013-09-30　　　　2013-09-30

黑龙江省农业科学院农产品质量安全研究所

分析结果报告单

No. GW2013-1628　　　　　　　　共 1 页 第 1 页

送检单位	依安县地依农业技术发展有限公司		
样品名称	水稻：龙31	样品编号	2013C3115
检验类别	委托	到样日期	2013-9-26
检验日期	2013-09-29	签发日期	2013-09-30

检验项目	单位	检验结果
甲维盐	mg/kg	未检出
西草净	mg/kg	未检出
		以下空白
检验依据	NY/T 761-2008	
备注	仅提供数据，只对来样负责。	

批准：　　　　审核：　　　　制表：

2013-09-30　　　　2013-09-30　　　　2013-09-30

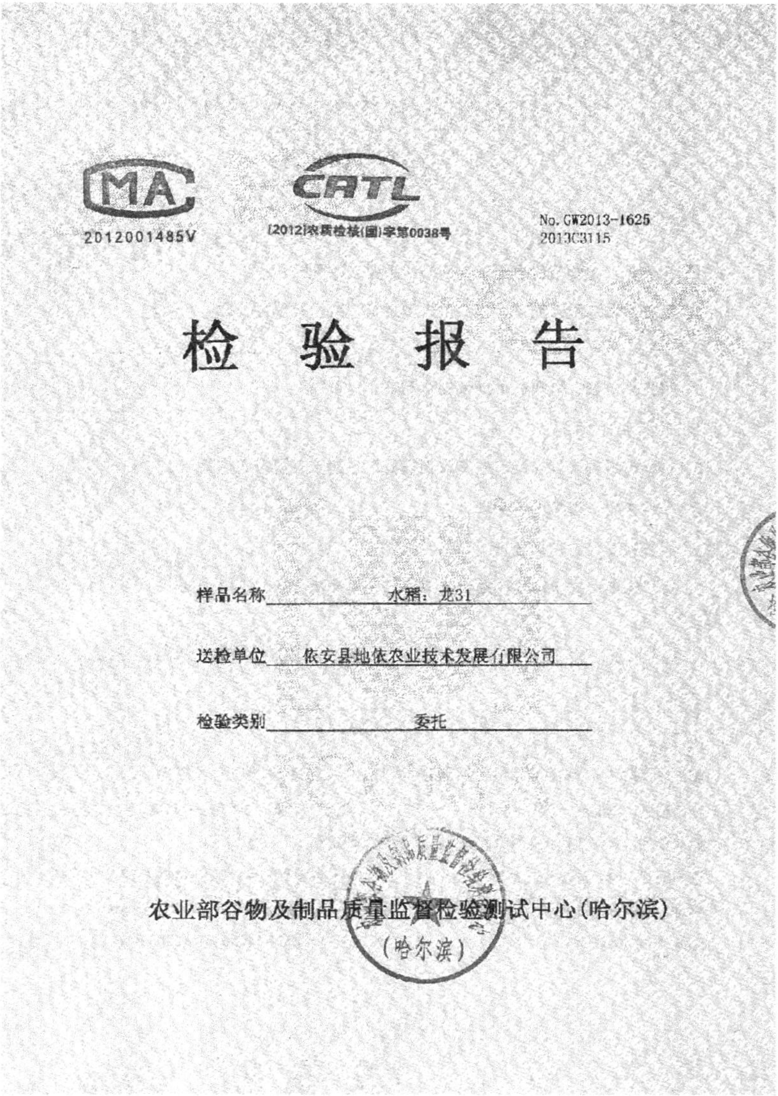

2012001485V

[2012]农质检核(国)字第0038号

No. GW2013-1625
2013C3115

检　验　报　告

样品名称　　水稻：龙31

送检单位　　依安县地依农业技术发展有限公司

检验类别　　委托

农业部谷物及制品质量监督检验测试中心(哈尔滨)

黑龙江省农业科学院农产品质量安全研究所

分析结果报告单

No.GW2013-1629　　　　　　　　　　　　　　共 1 页 第 1 页

送检单位	依安县地依农业技术发展有限公司		
样品名称	水稻：稻花香	样品编号	2013C3116
检验类别	委托	到样日期	2013-9-26
检验日期	2013-09-29	签发日期	2013-09-30

检验项目	单位	检验结果
甲维盐	mg/kg	未检出
西草净	mg/kg	未检出
		以下空白

检验依据	NY/T 761-2008
备注	仅提供数据，只对来样负责。

批准：　　　　审核：　　　　制表：

2013-09-30　　　　2013-09-30　　　　2013-09-30

农业部谷物及制品质量监督检验测试中心(哈尔滨)
检验结果报告书

样品编号：2013C3116　　　　　　　　　　　　　共 2 页 第 2 页

检验项目	单位	标准要求	检验结果	方法检出限	检验方法
汞(以Hg计)	mg/kg	——	0.001	——	GB/T 5009.17-2003
铬	mg/kg	——	0.118	——	GB/T 5009.123-2003
镉(以Cd计)	mg/kg	——	0.003	——	GB/T 5009.15-2003
铅(以Pb计)	mg/kg	——	0.064	——	GB 5009.12-2010
砷(以As计)	mg/kg	——	0.039	——	GB/T 5009.11-2003
钙	mg/100g	——	6.12	——	GB/T 5009.92-2003
铁	mg/100g	——	0.61	——	GB/T 5009.90-2003
锌	mg/kg	——	15.0	——	GB/T 5009.14-2003
毒死蜱	mg/kg	——	未检出	<0.01	GB/T 5009.20-2003
乐果	mg/kg	——	未检出	<0.01	GB/T 5009.20-2003
马拉硫磷	mg/kg	——	未检出	<0.01	GB/T 5009.20-2003
			以下空白		
备注	——				

农业部谷物及制品质量监督检验测试中心（哈尔滨）

检 验 报 告

No. GW2013-1626　　　　共 2 页 第 1 页

样品名称	水稻：稻花香	型号规格	——
样品编号	2013C3116	商标	——
送检单位	依安县地依农业技术发展有限公司	检验类别	委托
生产单位	——	样品等级、状态	——
抽样地点	——	到样日期	2013-09-26
样品数量	2kg	送样者	刘守英
抽样基数	——	原编号或生产日期	
检验依据	见报告第2页	检验项目	见报告第2页
所用主要仪器	原子吸收光谱仪 气相色谱仪	实验环境条件	符合实验条件
检验结论	仅提供数据 签发日期 2013-09-30		
备注	只对来样负责		

批准：　　审核：　　制表：

2013-09-30　　2013-09-30　　2013-09-30

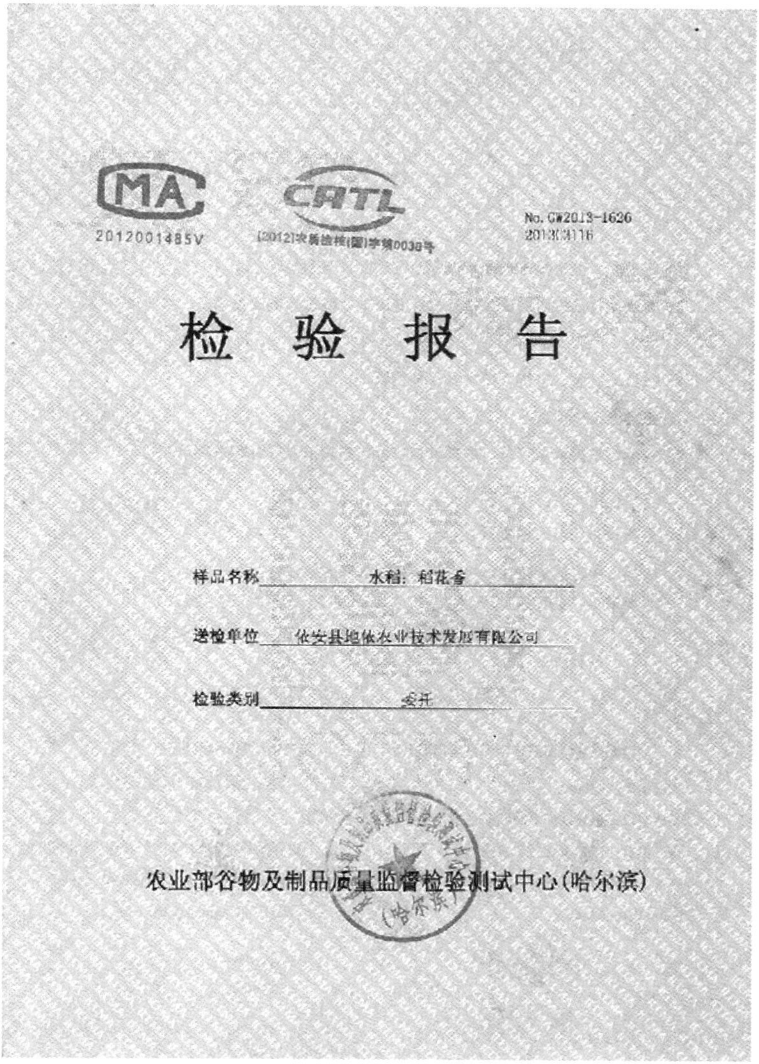

2012001485V

(2012)农质检核(国)字第0038号

No. GW2013-1626
2013(3)116

检　验　报　告

样品名称　水稻：稻花香

送检单位　依安县地依农业技术发展有限公司

检验类别　委托

农业部谷物及制品质量监督检验测试中心(哈尔滨)

实验对比图片

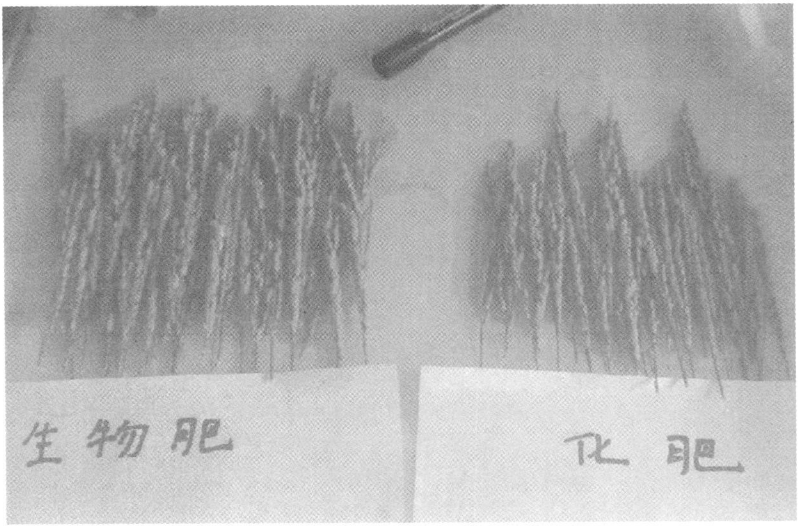

2.生物肥料在大豆上的效果

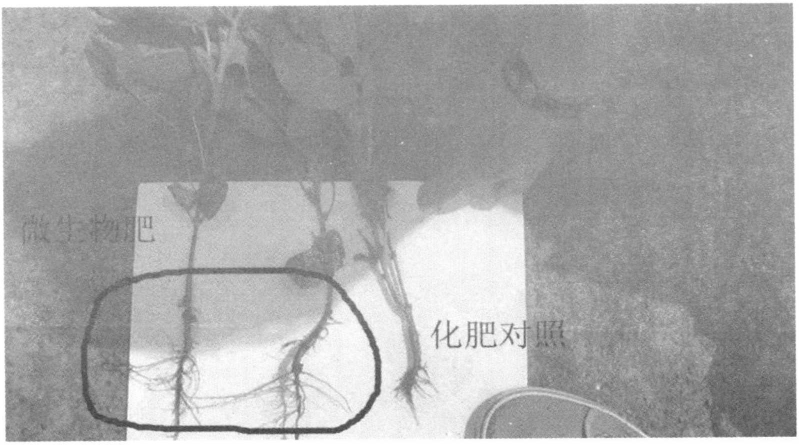

3.生物肥料在甜菜上的效果

4.生物肥料在玉米上的效果

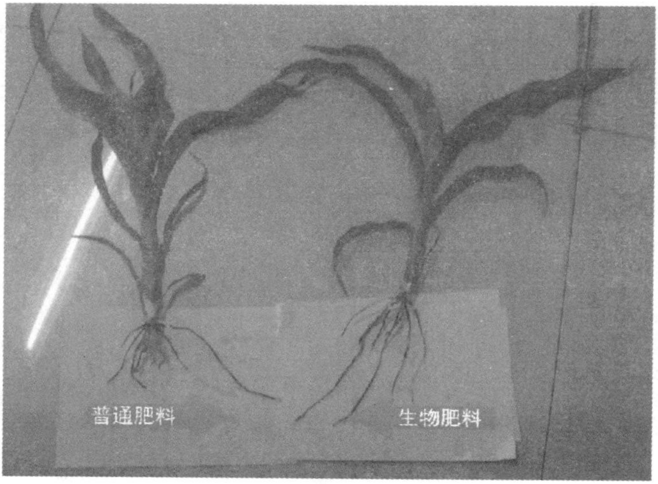

山西博亚方舟生物科技有限公司技术支持宁国（弈盛力）茄子辣椒检测报告

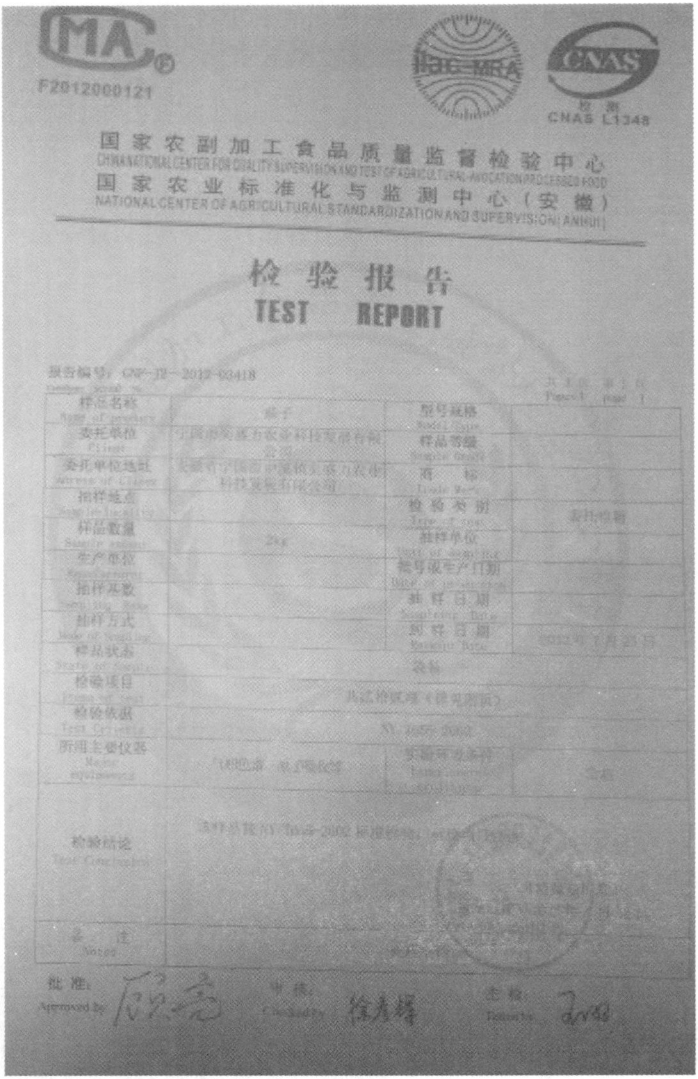

F2012000121

CNAS L1348

国家农副加工食品质量监督检验中心

CHINA NATIONAL CENTER FOR QUALITY SUPERVISION AND TEST OF AGRICULTURAL-AVOCATION PROCESSED FOOD

国家农业标准化与监测中心（安徽）

NATIONAL CENTER OF AGRICULTURAL STANDARDIZATION AND SUPERVISION(ANHUI)

检验报告
TEST REPORT

报告编号：GNP-JJ-2012-03418

样品名称	[illegible]	型号规格	
委托单位	[illegible]	样品等级	
委托单位地址	[illegible]	商标	
抽样地点		检验类别	委托检验
样品数量	2kg	抽样单位	
生产单位		批号或生产日期	
抽样基数		抽样日期	
抽样方式		到样日期	2012年1月23日
样品状态	[illegible]		
检验项目	[illegible]		
检验依据	[illegible]		
所用主要仪器	[illegible]	[illegible]	[illegible]
检验结论	[illegible]		
备注			

批准： 审核： 主检：

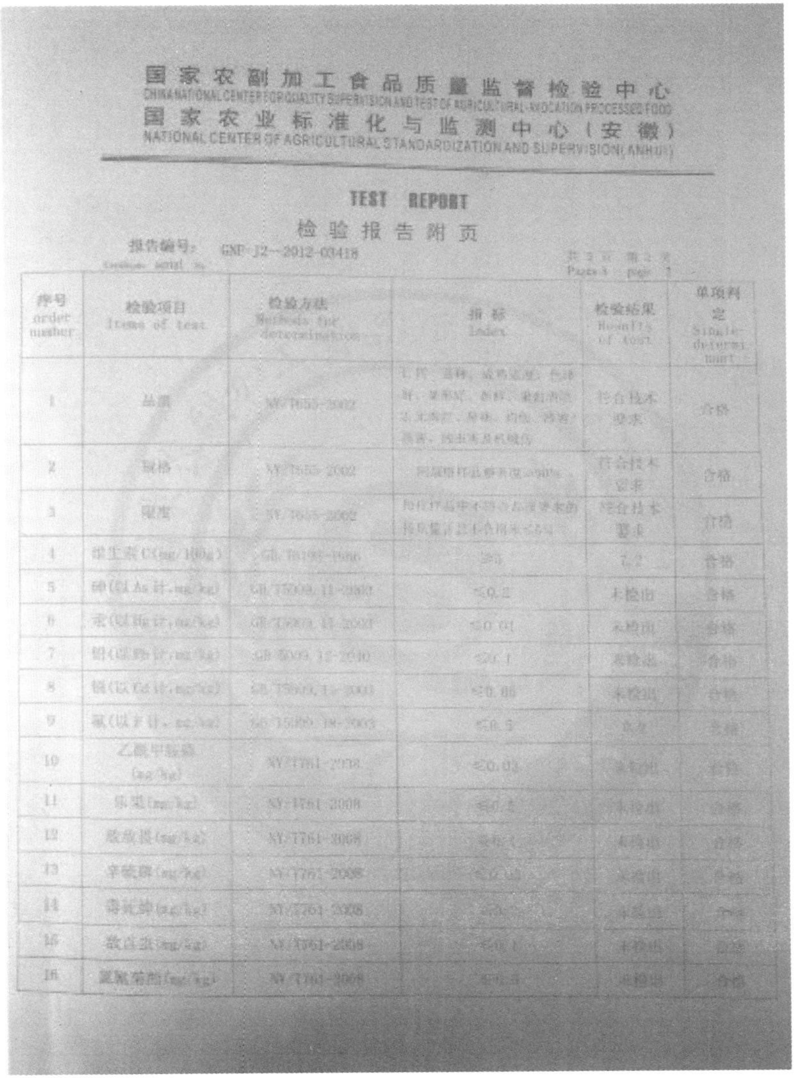

国家农副加工食品质量监督检验中心
CHINA NATIONAL CENTER FOR QUALITY SUPERVISION AND TEST OF AGRICULTURAL-AVOCATION PROCESSED FOOD
国家农业标准化与监测中心（安徽）
NATIONAL CENTER OF AGRICULTURAL STANDARDIZATION AND SUPERVISION(ANHUI)

TEST REPORT

检验报告附页

报告编号： GNP J2-2012-03418

序号 order number	检验项目 Items of test	检验方法 Methods for determination	指标 Index	检验结果 Results of test	单项判定 Single determinant
1	[illegible]	NY/T655-2002	[illegible]	符合技术要求	合格
2	规格	NY/T655-2002	[illegible]	符合技术要求	合格
3	[illegible]	NY/T655-2002	[illegible]	符合技术要求	合格
4	维生素C(mg/100g)	GB/T6195-1986	[illegible]	[illegible]	合格
5	砷(以As计,mg/kg)	GB/T5009.11-2003	≤0.2	未检出	合格
6	汞(以Hg计,mg/kg)	GB/T5009.17-2003	≤0.01	未检出	合格
7	铅(以Pb计,mg/kg)	GB/T5009.12-2010	≤0.1	未检出	合格
8	镉(以Cd计,mg/kg)	GB/T5009.15-2003	≤0.05	未检出	合格
9	氟(以F计,mg/kg)	GB/T5009.18-2003	≤0.5	[illegible]	合格
10	乙酰甲胺磷(mg/kg)	NY/T761-2008	≤0.02	未检出	合格
11	乐果(mg/kg)	NY/T761-2008	[illegible]	未检出	合格
12	敌敌畏(mg/kg)	NY/T761-2008	[illegible]	未检出	合格
13	辛硫磷(mg/kg)	NY/T761-2008	[illegible]	未检出	合格
14	毒死蜱(mg/kg)	NY/T761-2008	[illegible]	未检出	合格
15	敌百虫(mg/kg)	NY/T761-2008	≤0.1	未检出	合格
16	氯氰菊酯(mg/kg)	NY/T761-2008	[illegible]	未检出	合格

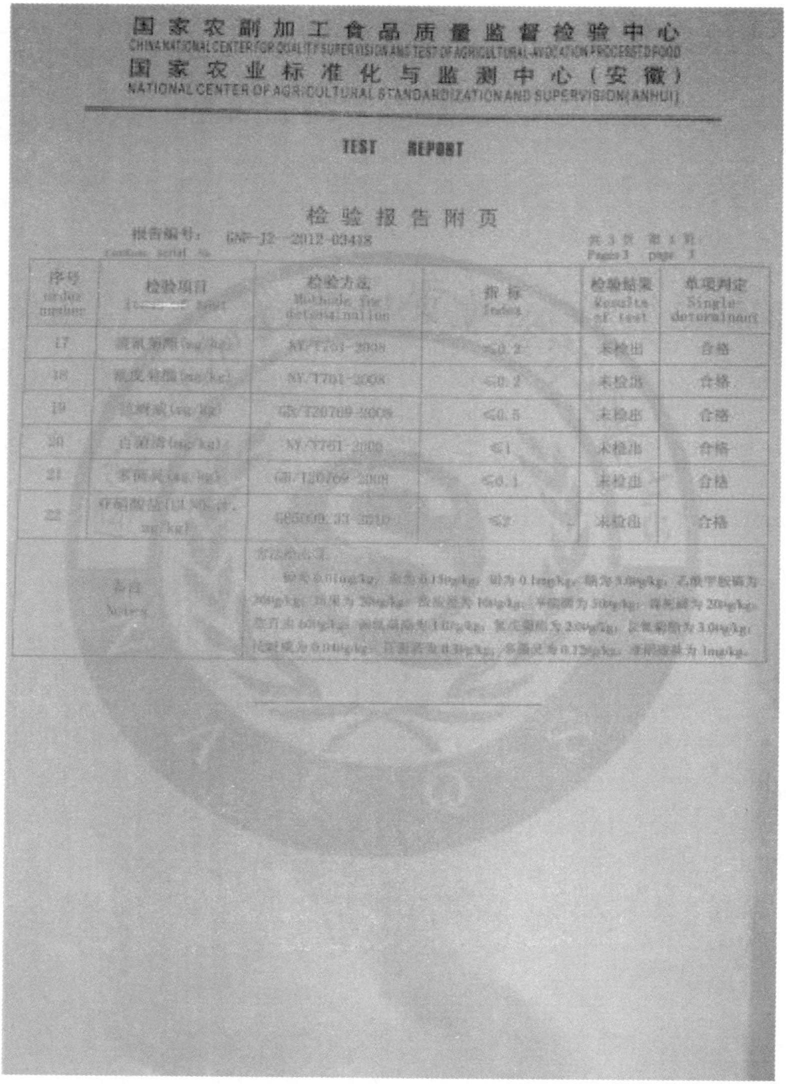

国家农副加工食品质量监督检验中心
CHINA NATIONAL CENTER FOR QUALITY SUPERVISION AND TEST OF AGRICULTURAL-AVOCATION PROCESSED FOOD
国家农业标准化与监测中心（安徽）
NATIONAL CENTER OF AGRICULTURAL STANDARDIZATION AND SUPERVISION(ANHUI)

TEST REPORT

检验报告附页

报告编号： GNP-J2-2012-03418　　　　共 3 页 第 3 页
[illegible] serial No.　　　　Pages 3 page 3

序号 order number	检验项目 [illegible]	检验方法 Methods for determination	指标 Index	检验结果 Results of test	单项判定 Single determinant
17	[illegible](mg/kg)	NY/T761-2008	≤0.2	未检出	合格
18	[illegible](mg/kg)	NY/T761-2008	≤0.2	未检出	合格
19	[illegible](mg/kg)	GB/T20769-2008	≤0.5	未检出	合格
20	百菌清(mg/kg)	NY/T761-2008	≤1	未检出	合格
21	[illegible](mg/kg)	GB/T20769-2008	≤0.1	未检出	合格
22	亚硝酸盐(以 NO 计, mg/kg)	GB5009.33-2010	≤2	未检出	合格
备注 Notes	[illegible] [illegible] 0.1mg/kg [illegible] [illegible] 1mg/kg.				

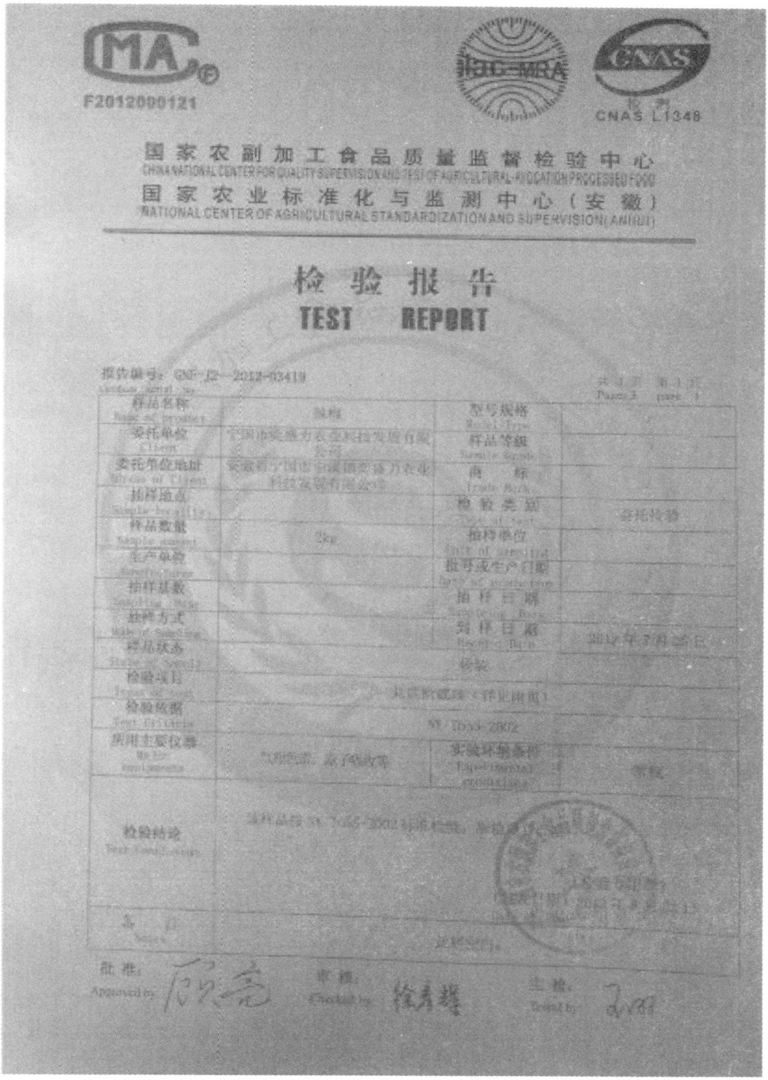

F2012000121

CNAS L1348

国家农副加工食品质量监督检验中心
CHINA NATIONAL CENTER FOR QUALITY SUPERVISION AND TEST OF AGRICULTURAL-AVOCATION PROCESSED FOOD
国家农业标准化与监测中心（安徽）
NATIONAL CENTER OF AGRICULTURAL STANDARDIZATION AND SUPERVISION(ANHUI)

检验报告
TEST REPORT

报告编号：GNF-J2-2012-03419

样品名称	[illegible]	型号规格	
委托单位	[illegible]有限公司	样品等级	
委托单位地址	安徽省[illegible]有限公司	商标	
抽样地点		检验类别	委托检验
样品数量	5kg	抽样单位	
生产单位		批号或生产日期	
抽样基数		抽样日期	
抽样方式		到样日期	2012年7月[illegible]日
样品状态	[illegible]		
检验项目	[illegible]（详见附页）		
检验依据	NY [illegible]-2002		
所用主要仪器	[illegible]	实验环境条件	常规
检验结论	该样品按NY [illegible]-2002标准检验，[illegible]		
备注			

批准：　　审核：　　主检：

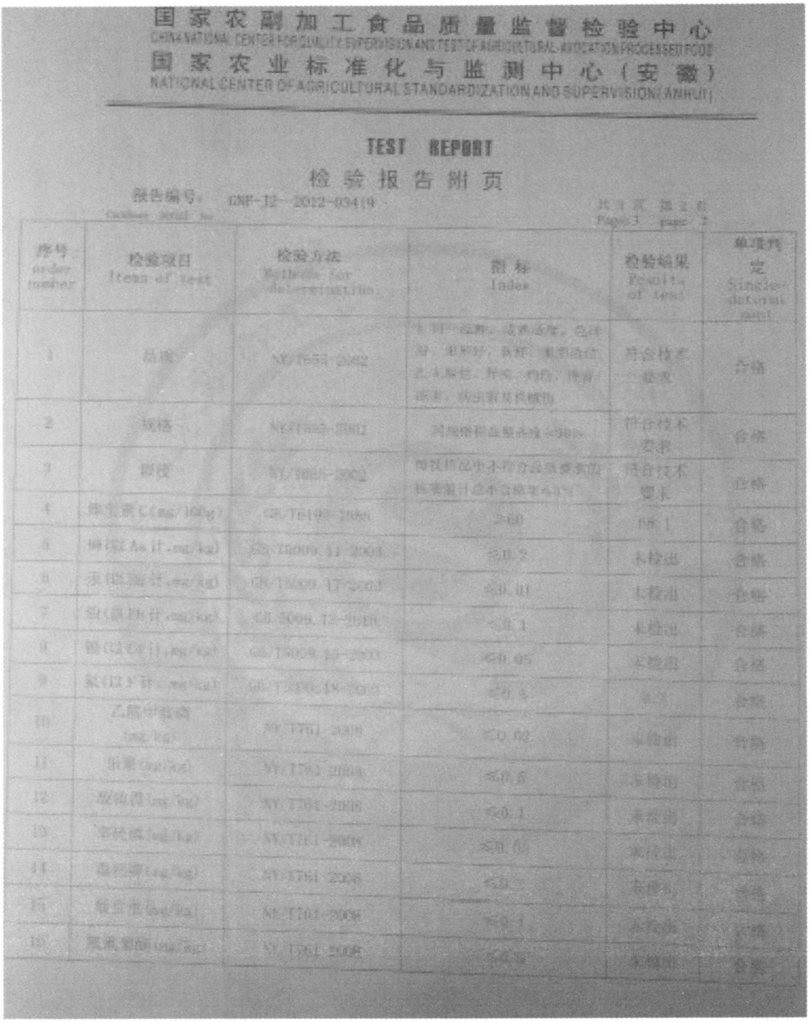

国家农副加工食品质量监督检验中心
CHINA NATIONAL CENTER FOR QUALITY SUPERVISION AND TEST OF AGRICULTURAL-AVOCATION PROCESSED FOOD
国家农业标准化与监测中心（安徽）
NATIONAL CENTER OF AGRICULTURAL STANDARDIZATION AND SUPERVISION(ANHUI)

TEST REPORT

检验报告附页

报告编号：GNF-J2-2012-03419
[illegible]

[illegible]
Page 3 page 2

序号 order number	检验项目 Items of test	检验方法 Methods for determination	指标 Index	检验结果 Results of test	单项判定 Single determinant
1	品质	NY/T655-2002	[illegible]	符合技术要求	合格
2	规格	NY/T[illegible]-2002	[illegible]	符合技术要求	合格
3	瑕疵	NY/T[illegible]-2002	[illegible]	符合技术要求	合格
4	维生素C(mg/100g)	GB/T6195-1986	≥60	[illegible]	合格
5	砷(以As计,mg/kg)	GB/T5009.11-2003	≤0.2	未检出	合格
6	汞(以Hg计,mg/kg)	GB/T5009.17-2003	≤0.01	未检出	合格
7	铅(以Pb计,mg/kg)	GB/T5009.12-2010	≤0.1	未检出	合格
8	镉(以Cd计,mg/kg)	GB/T5009.15-2003	≤0.05	未检出	合格
9	氟(以F计,mg/kg)	GB/T5009.18-2003	≤0.5	[illegible]	合格
10	乙酰甲胺磷(mg/kg)	NY/T761-2008	≤0.02	未检出	合格
11	[illegible](mg/kg)	NY/T761-2008	≤0.5	未检出	合格
12	[illegible](mg/kg)	NY/T761-2008	≤0.1	未检出	合格
13	[illegible](mg/kg)	NY/T761-2008	[illegible]	未检出	合格
14	[illegible](mg/kg)	NY/T761-2008	[illegible]	未检出	合格
15	[illegible](mg/kg)	NY/T761-2008	[illegible]	未检出	合格
16	[illegible](mg/kg)	NY/T761-2008	[illegible]	未检出	合格

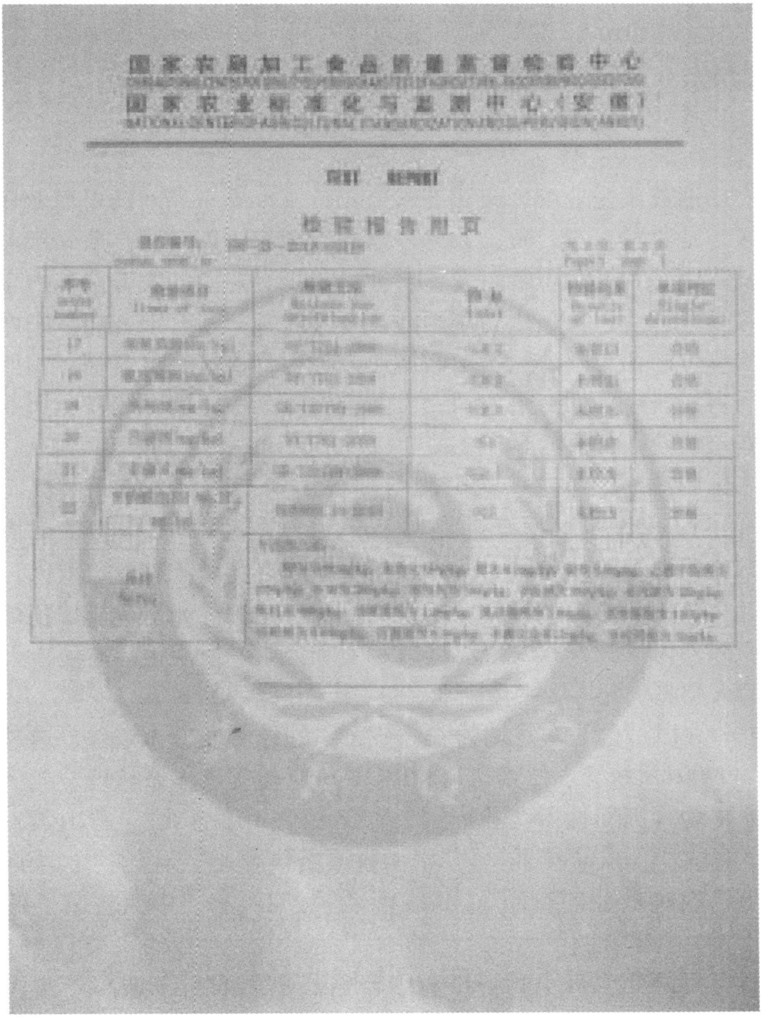

国家农副加工食品质量监督检验中心

国家农业标准化与监测中心（安徽）

检验报告附页

附件 山西博亚方舟生物科技有限公司简介

山西晨雨企业管理集团有限公司位于太原市高新技术产业开发区，是集科、工、贸、农为一体的大型集团性公司。公司产业涉及基因芯片、微生物研发、房地产、煤炭能源、农资肥料、金融等多个行业。下辖山西晨雨科技开发连锁经营有限公司、山西晨雨晋中肥业有限公司、山西博亚方舟生物科技有限公司、山西晨雨富农科技开发有限公司、山西晨雨研究院、山西福祥和实业有限公司等十几家企业。

集团核心产业之一农资肥料具备了年产25万吨晨雨复混肥料，年产10万吨生物有机肥和年产5万吨微生物肥料的生产规模，企业拥有国际先进、国内领先水平的研发团队和科技成果。2006年被山西省农业厅列为《配方肥生产定点企业》；2013年被农业部列为《配方肥农企对接指定生产企业》全年销量达几十万吨的大型测土配方肥生产企业。

公司以“全心全意地为农民服务”的经营理念为宗旨，通过了ISO9001质量管理体系认证和ISO1400环境管理体系认证。先后被评定为《高新技术企业》、“AAA级信用度企业”、“山西省科普惠农十佳农资企业”、“山西省质量信誉AA级标准”、“最受山西农民欢迎的产品”、“山西名牌产品”、“山西省著名商标”等荣誉称号。

山西博亚方舟生物科技有限公司是集团的另一核心产业，致力于微生物应用技术研发和生产力转化，属国家重点发展的七大新型战略产业。拥有国内领先的微生物应用技术专家和科研团队，掌握着国内领先的微生物应用技术。

目前公司拥有四项微生物国家发明专利，即将申请的微生物发明专利技术十项。博亚方舟的企业使命为：打造人类史上最安全粮食生产的微生物肥料技术；打造人类史上最安全畜、禽、水产品养殖的微生物饲料技术；打造修复人体亚健康和疾患的微生物保健饮品技术；打造具有卓越天然美容功效的微生物面膜技术；打造净化水质微生物过滤技术；打造把农业面源污染的有机废弃物变废为宝的微生物转化技术；打造对荒漠化、盐碱化土地修复复耕的微生物治理技术；打造以生物固氮取代氮肥使用的微生物固氮技术；打造将农作物秸秆等进行人、畜分粮处理的微生物发酵技术。

随着一项项微生物技术的生产力转化，必将为我国的国计民生做出重大贡献！